U0611804

做个

"讨人喜欢"的

女人

刘小媚 著

北京理工大学出版社
BEIJING INSTITUTE OF TECHNOLOGY PRESS

图书在版编目（CIP）数据

做个讨人喜欢的女人/刘小媚著. —北京：北京理工
大学出版社，2009.10
ISBN 978－7－5640－2083－5

Ⅰ. 做… Ⅱ. 刘… Ⅲ. 女性－修养－通俗读物 Ⅳ. B825－49

中国版本图书馆 CIP 数据核字（2009）第 183021 号

出版发行／北京理工大学出版社
社　　址／北京市海淀区中关村南大街 5 号
邮　　编／100081
电　　话／(010) 68914775（办公室）　　68944990（批销中心）
　　　　　　68911084（读者服务部）
网　　址／http：//www. bitpress. com. cn
经　　销／全国各地新华书店
排　　版／北京京鲁创业科贸有限公司
印　　刷／三河市华晨印务有限公司
开　　本／710 毫米×1000 毫米　1/16
印　　张／17
字　　数／252 千字
版　　次／2009 年 10 月第 1 版　2009 年 10 月第 1 次印刷　　责任校对／陈玉梅
定　　价／32. 00 元　　　　　　　　　　　　　　　　　　　责任印制／母长新

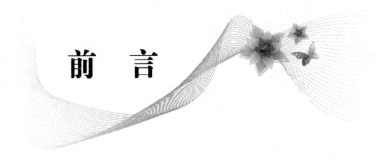

前 言

　　"女人啊！你的名字叫脆弱！"四百多年前，莎士比亚曾经发出过这样的哀叹与悲悯。由于"脆弱"，女性长期以来没有自由，没有追求，也没有人生的幸福和方向。面对固若金汤的男性世界，女人们只能把唯一的希望寄托在讨人喜欢，尤其是讨男人喜欢之上。"女为悦己者容"，一个"悦己者"，其背后有着怎样的凄楚和辛酸？透过诸如"楚王爱细腰，宫中多饿死"等直白、带着血泪的诗词，以及时至今日仍然让我们无法回避的"三寸金莲"，我们不难想象到女性在过去的岁月里是多么的卑微，多么的无可奈何……

　　好在，随着全世界范围内女性解放运动的展开，千千万万个女性终于站起来了。她们用自己的行动和事实证明，女人并非天生的弱者。"休言女子非英物，夜夜龙泉壁上鸣！"女人，照样有王者之风。

　　那么，这是不是说现代女性就不需要讨人喜欢了呢？

　　当然不是。确切地说，在新世纪、新时代、新形势下，女人们还要学会讨得所有的人喜欢。原因很简单——那些讨人喜欢的女人能够获得良好的人际关系，进而有助于实现成功的人生。

　　当然，讨人喜欢说起来简单，真正做起来却千难万难。所以我们为您奉上本书，它能够让你在最短时间内掌握其中的奥妙。

　　这本书带给广大女性朋友的是实用价值，是大家真正需要并渴望阅读

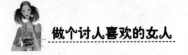

到的那种书。全书有很大的针对性，对解决生活、工作中的困惑有很好的指导作用。它站在当代女性的视角，注重全方位地塑造一个讨人喜欢的女人，而不是片面地去帮助一位女性。它是女性朋友的良师益友，主要从以下七个方面帮助你打造讨人喜欢的各种资本和能力：

（1）打造自己的良好形象；

（2）修炼自己的语言能力；

（3）培养自己的处世能力；

（4）强化自己的交际能力；

（5）提高自己的生存能力；

（6）恰到好处地与男人相处；

（7）保持良好的心态。

可以负责任地说，只要认真研读，并结合自身优势，做到有针对性地吸收、发挥，本书不仅能帮助你少走许多弯路，更能够让你知晓走怎样的路更适合你去创造自己的幸福。把握好了这份最有价值的礼物，你的人生必定会更加缤纷闪耀。

作者　刘小媚

2009 年 8 月

目 录

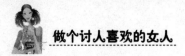

第一章

我的美丽我做主

"云想衣裳花想容"，每个女人都有一个美丽的梦。拥有完美的形象，不仅会让我们自己心情愉悦，还能使周围的人对我们印象甚好，从而奠定我们在生活中、事业中、工作中的魅力形象，带来办事顺利的好局面。所以设计好自己的形象，便是创造自己的幸福。每个女人都应该相信，自己会更有气质，更有风采，更加楚楚动人。

美人如花

　　"秀外慧中"是每个职场女性的终极追求。但是生活中，很多女性连"秀外"都做不到，自然也就谈不上"慧中"了。这并不是说她们长得差强人意甚至惨不忍睹，而是说她们不会或者懒得装扮自己。事实上，我们经常可以看到一些很有魅力的女性，她们的五官也仅仅是端正而已。"世上没有丑女人，只有懒女人"，说的就是这个道理。

　　虽然外表的"美丽"只是职场的"开场白"，但是试问，如果我们连职场的大门都不得而入，我们又怎么去展现自己的才干和智慧呢？所以说，外表美是职场女性的首要能力。下面我们便来听听几位年轻女孩对此的见解。

1. 女人漂亮，办事顺利（周小姐，北京，白领）

　　相对来说，生活中女人要比男人好办事，如果是美女，更好办事。我大学毕业后竞聘的是办公室工作，典型的室内活儿，与社交不搭边，但也未能免俗。我去应聘时根本没抱多大希望，因为我读书时患过阑尾炎，开过刀，只要一体检立即就能查出来。但是我长得像张曼玉——面试那天我刚一进门，一位面试者（后来得知他是人力资源部的负责人）就大声说道："张曼玉！"经他一说，其他几个面试者也附和起来，一群人开始嘻嘻哈哈地议论，等说够了笑够了，那位负责人在我的简历上随手一圈，告诉我："下周一来上班吧。"就这么顺利！在以后的工作中，这张明星脸还给我带来了很多方便，比如请假、晋级等。一位长相有点惨的男同事甚至这样夸我："至少出门时不必像我一样被警察当成不法分子！"

2. 形貌姣美者加 20 分（杨小姐，上海，白领）

　　几年前，我去一家很有名气的公司应聘总经理秘书一职，经过初试、面试、复试，我和一位姓黄的小姐站在了该公司总经理面前。黄小姐面容姣美，身材高挑，和她站在一起，我甚至有一种自惭形秽的感觉。最终，我被委婉地告知"回家等通知"，而黄小姐第二天便去报到上班了。

当时，我的心情非常郁闷，很不平衡，因为我的笔试成绩比黄小姐高出了十几分，我读的大学也比她有名，但是这些有什么用？一张漂亮的脸蛋立马可以多加20分！难怪现在有不少相貌普通的姐妹争先恐后地去做美容手术——职场竞争这么强，用人单位要求那么高，天生的面容差距，往往从一开始就造成了许多不平等——这就是我们这些女性所得的经验教训。

3. 不漂亮等于"先天不足"（梅小姐，广州，白领）

21岁时，我高考落榜，父亲通过朋友介绍，让我去县里的电信部门应聘（其实就是走走过场）。应聘那天的情景，我至今记忆犹新：当时有两个主考官，十多分钟里，他们没有问我一句与业务有关的话，也没有问我的学历，只是对我的外表大加褒贬，一个说："这个妹子长得一般。"另一个说："我觉着还行，不难看。"我当时年少气盛，对他们的话极为反感，当即不顾父亲的劝阻，扭头就走。我想我一定要考上大学，我一定要让那些"花瓶"们黯然失色。

不过话说回来，说句大实话，我确实长得不漂亮，没有魔鬼的身材，更没有天使的脸蛋。上学期间，我曾经不止一次为这烦恼，自卑极了，但后来我学会了用快乐来武装自己，用学习成绩来弥补"先天不足"，人们不都说"人美在心灵"吗，我还有一颗善良的心……长大后，听人说美丽是女人的资本。我想这下惨了，难道十年寒窗白受罪了吗？难道心灵美不值一文吗？

好在，我遇到了一家比较务实的公司。在一次大型招聘会上，我与一位小姐同时被一家贸易公司秘书部招去试用。看着她，我心里一点都不舒服，女人的天性是嫉妒嘛，因为她比我漂亮，也很高傲。她的存在给我造成了很大的压力，我每天提心吊胆，丝毫不敢怠慢，把工作干得一丝不苟，精益求精，业余时间里还不断地充电，挖掘潜力，同时尽量给同事们带来一些活力或欢乐。结果3个月后，我被晋升为公司秘书部部长，那位漂亮小姐却因为考试不过关惨遭淘汰。事后，老板夸我有气质、有内涵、有实在的能力。对此，我一笑置之——这不是摆明了说我不漂亮吗？

　　女人，尤其是美女，办事情比较顺利，有人归结为男人的好色，其实并不尽然。为什么这么说呢？因为爱美之心，人皆有之，人人都有呵护美、向往美、追求美的心理。我就曾亲眼见过一位拣垃圾的老大娘手上带着一对塑料手镯。正是这种爱美之心，引导着大家积极地爱美扮美学美。事实上，就像我们开篇所说的那样——"世上没有丑女人，只有懒女人"——无论高矮胖瘦，只要肯用心，每个女人都能装扮出属于自己的美丽。真希望走在街上，就如同走在花园里，每个人都是一朵美丽的花，每个人都能让周围的人赏心悦目。那感觉多好！

魅力何来

　　美丽的女人是上帝的宠儿，无论走到哪里都受人欢迎，她们的人生和事业，也比一般人相对顺利。但是天生丽质、清水出芙蓉者毕竟属于少数，很多女性都曾为自己存在着哪怕是无关紧要的细微不足烦恼不已。其实女人们大可不必烦恼，因为容貌是天生的，美丽却可以修炼。我们不能改变父母给我们的容貌，却可以通过后天的塑造，让自己变得魅力十足。魅力，是比美貌更动人的风景。

　　美国女诗人普拉斯说过：魅力是一种能使人开颜、消怒，并且悦人和迷人的神秘品质，它不像水龙头那样随开随关、突然迸发，它像根银丝巧妙地编织在性格里，它闪闪发光、光明灿烂、经久不灭。诗人的话，恰到好处地解释了那些充满魅力的女人，为什么总是时时处处都透露出一种让人无法抗拒的吸引力和迷惑力。

　　毫无疑问，每个女人都有自己的魅力所在。关键问题是，什么样的女人才称得上魅力十足呢？或者说，怎么做才能把自己塑造成为一个魅力十足、人见人爱的女人呢？一般可从以下方面着手。

1. 外在形象方面

　　首先要给自己的形象明确定位。无论是容貌、形体，还是气质，每个女人都有自己的优势和弱势所在，所谓定位就是找到自己的优势并尽量将其发挥、凸显出来，比如端庄典雅、时尚前卫、浪漫性感等等。有了明确的形象定位，你就可以通过对服饰的色彩和风格，头发的造型和颜色以及妆容、饰品乃至相应的眼神、动作等多方面因素的综合把握，将你鲜明的个性展露无遗。比如，塑造端庄典雅的形象时，服饰色彩要讲究和谐，面料及裁剪应该高贵精致，发型发色多为素色的长或中长直发，妆容要淡雅精致，每个细节都应该照顾到；塑造时尚前卫的形象时，服装色彩要突出对比，服装款式和饰品要新潮另类，发型发色必须引领潮流，妆容有必要大胆醒目；塑造性感浪漫的形象时，服饰颜色要以热情的暖色调为主，服饰和饰品必须豪华奢侈，发型发色最宜挑染的大波浪，妆容则要浓郁渲染，重点突出眼睛和嘴唇的色彩等。

其次要注重形体美。女人的美丽来自于容貌和形体，然而生活中大多数女人都把大部分精力放在了容貌上，而忽略了形体。其实，体态不仅是一个女人美丑的重要衡量标准，更是一种无声的语言。一个魅力十足的女人，应该随时保持优雅的姿态，恰到好处地去运用各种姿势和动作。否则你的形态配不上你绝美的面孔，照样会让人贻笑大方。

再次是掌握必要的社交礼仪。有道是"礼多人不怪"，一个有礼貌的人，无论走到哪里都会大受欢迎。一个魅力十足的女人，不仅要把"请"、"谢谢"、"对不起"随时挂在嘴边上，还要知道并学会：倒茶要浅倒酒要满，无论任何时候，茶壶嘴不冲着客人，不用咖啡勺喝咖啡，等等。凡此种种，都需要你用心去留意去学习，天长日久，"有礼"的你自然能走遍天下。

最后是注重保养。拥有魅力的女人，也就拥有了一生的美丽。只有用心去琢磨、去设计、去塑造，我们才可以越来越有魅力；只有用心去呵护、去保养，我们才可以抵御岁月的无情。所以，一个魅力十足的女人应该永远都比实际年龄小10岁，而绝不可以让别人看你比实际年龄老1天，为此美容、护肤、减肥、锻炼，你一样都不能少。总之一句话，你要让自己永远处于"精装版本"状态。

2. 内在素质方面

首先要保持一颗永远年轻的心。有人说："岁月是女人的天敌"，因此很多女人都害怕岁月流逝掉自己的美丽，其实，我们虽然无法阻挡光阴的脚步，也无法阻挡皱纹爬上我们的额头，但只要拥有一颗年轻的心，我们就可以美丽一辈子。因为有魅力的女人，永远不会老，老去的，不过是容颜。

其次是要努力提高自己的品位。有魅力的女人，最基本的要求是要有

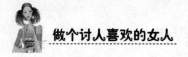

修养。一般来说，可以通过读书、听音乐、弹钢琴、绘画等途径陶冶自己的情操，提高自己的修养。当然提高品位不能人云亦云，更不要追赶风潮，否则反而会落入俗套。

再次是要拥有一颗宽容的心。美国作家马克·吐温说："一只脚踏在紫罗兰的花瓣上，它却把香味留在了那脚跟上，这就是宽容。"所谓"人美在心灵"，宽容无疑是心灵美的重要表现之一。所以不管你的年龄有多大，也不管你的处境是多么的"身不由己"，请时时处处怀有一颗宽容心，如此我们才能永远保持良好的心态，更好地展示我们的美丽。反之，一个睚眦必报甚至心如蛇蝎的女人，即使生得再漂亮，别人也会当你是魔鬼，避之唯恐不及。

此外，尚有一些不好归类的特质型魅力，比如富有魅力的声音、表情、眼神，等等，都是女人们塑造个人魅力的不可或缺之处。相应内容我们将在其他章节具体论述，此处不再赘述。

总之，即使父母给了你一张漂亮的脸蛋，也不能让你一生美丽。只有用心去挖掘自己的魅力，你才能闪耀出非凡的光华。与其抱怨父母的遗传基因不好，何不及早打开人生的魅力之窗，去欣赏也让别人欣赏自己另一种动人的风景呢？

回眸一笑百媚生

　　人类的笑容有着太多的含义，比如大笑、狂笑、偷笑、嘲笑、奸笑、狞笑、皮笑肉不笑等等，其中最具魅力、最令人心旷神怡的笑容当属微笑——它永不过时，永远受人欢迎，无论是家庭生活，还是职场打拼，真诚的微笑都会为我们带来意想不到的好处。满面春风的女性，更有吸引力，更让周围的人喜爱。而整天愁眉苦脸或者冷若冰霜的女人，即使长得很美，也不过是一个"冷美人"，可叹而不可爱，可敬而不可亲。

　　无论是在文人墨客的笔下，还是在现实生活中，甜蜜的微笑都是女性最犀利的武器，她们笑意盈盈，她们笑靥如花，她们"回眸一笑百媚生"，仿佛流动的风景，让男人们如沐春风、我见犹怜，让女人们梦寐以求、嫉妒甚至嫉恨。我们是否可以这样理解：所谓美人，就是有笑容美态的女人。

　　据科学家研究，人类笑的时候，会有13块面部肌肉参与其中，而当人们皱眉蹙额时，却要使用到多达47块的面部肌肉！也许正因为如此，我们才会感觉到笑的时候快乐而且自然吧。

　　对于职场女性而言，甜蜜的微笑不仅是最犀利的剑，同时也是最坚固的盾。即使别人用最锐利的目光盯着你，如果能报以微笑，而不是以眼还眼，对方的目光也会逐渐温和，并渐渐露出笑意。记得有一次，我问一个朋友："你为什么一见我就笑呢？"朋友说："那是因为你先对着我笑啊！"原来如此！所以，我们要把甜蜜微笑时刻挂在嘴角唇边。当你的微笑甜美而又自然，即使是生性乖僻、腼腆的人，相互间的隔阂也立即会在我们笑脸相迎的瞬间烟消云散。只要你首先弯起嘴角，对方紧绷着的脸就会很快松弛下来，并露出笑容。这种微笑或笑脸，好比是投向水面的小石块，能不断地增加和扩大亲切友好的涟漪。拥有这样的人际关系，想不开心都难。

中国有句古话叫做"不笑莫开店"，西方人对此的理解也有异曲同工之妙——人们如果脸上没有带着笑容，千万别开店。可见，微笑对于事业的成功尤其是商业人士是多么的重要，美国旅馆大王希尔顿就深谙此道，并借此取得了成功。希尔顿经常这样嘱咐他的员工们："即使我们遇到了困境，也千万不要把心里的愁云摆在我们的脸上，无论何时，希尔顿饭店服务员脸上的微笑永远都应该是最灿烂的。请你们想一想，如果饭店只有第一流的服务设备而没有第一流服务人员的微笑，那些客人会认为我们供应了他们全部最喜欢的东西吗？如果缺少服务员美好的微笑，正好比花园里失去了春天的太阳与春风。假若我是顾客，我宁愿住进虽然只有残旧地毯，却处处见得到微笑的饭店。我不愿去只有一流设备而见不到微笑的地方……"事实证明，希尔顿饭店的所有人员都做到了这一点。伴随着希尔顿饭店的显赫全球，"你今天对客人微笑了没有"这一名言也传遍了世界的每个角落。所以职场女性们，如果你还在抱怨客户太难伺候，成交太难，请先学会甜蜜微笑。试想一下，面对春天般的微笑，又有谁能够无动于衷呢？

必须说明一点，如果你的微笑并不真诚，只不过是机械地、习惯性地做做样子而已，只不过是颜面神经的一种"惯性"，或者说是纯粹出于礼仪需要的笑，那样即使你看起来笑得很优美、很甜蜜，结果非但感染不了人，还会不自觉地显露出你的真正居心，为人不齿。

所以真正的微笑要以真诚为前提。一个女人发自内心的微笑，才称得上是真正的甜蜜。每当欣赏到她们赏心悦目、神采飞扬的甜蜜微笑，我们也必然会自然而然地弯起嘴角。真希望在社交的花园中，到处都充满着微笑的花朵。

美丽要有度

　　自古以来，受"三从四德"、"男女授受不亲"等封建思想的影响，中国人尤其是中国女人，有意无意地形成了一种普遍的内敛精神，中国女人历来讲究"大门不出、二门不迈"，"无才无貌便是德"。生得漂亮的女人，虽然也很受人们喜爱，但这种喜爱，其本质无疑具有相当程度的畸形和变态。

　　更有甚者，女人的美还被认定为致祸的根源，比如"红颜多祸水"、"温柔乡即英雄冢"、"色是刮骨钢刀"等等，即使是在男女平等甚至女士优先的当今社会，那些狭隘的男人们也总是习惯于把罢官、亡国、没本事甚至不长寿等祸事，无一例外地归咎于女人的美丽或美丽的女人。

　　其实，美丽有什么错？如果有错，应该是男人对待美丽的态度出了问题！因此，每个女人都应该恰当地张扬自己的美。套用一句经典——追求自己的美丽，让那些无能又无聊的男人说去吧！

　　当今社会，拥有靓丽的容颜不仅会成为万众瞩目的焦点，而且美丽本身就意味着财富。看看那些娱乐圈中的美女、酷女、辣女、超女们，哪一家赞助商不是上赶着把巨额广告费为她们奉上？她们哪一个不是拿钱拿奖拿到手软？有时候回头看看自己，你会惊喜而又郁闷地发现，我并不比某明星长得差呀！歌儿也比她唱得好啊！可为什么我的命这么不好呢？

　　也许很多女性会说："其实小时候我也做过明星梦，只不过没有那么好的机会，所以我们只能羡慕那些有机会的女孩子。"实际上，机会总是眷顾那些有准备的人。美丽的女人多的是，但成功的女人却不太多。也许我们缺的，仅仅是一点敢于展现自己美丽的自信。

　　当然也有很多过犹不及的女人，由于张扬得过了头，她们非但没有取

得想要的效果，反而为人们茶余饭后提供了许多笑料。所以，张扬自己的美丽，"恰当"是关键。一个聪明的女人，既不能"俏也不争春"，"零落成泥碾作尘"，也不能过分招摇，"一枝红杏出墙来"，个中尺度，需要女人们根据自己的具体情况具体把握。

还有些女人，由于过于注重容貌而忽略魅力的塑造，以及过度膨胀的爱美之心的影响，无形中坠入了自己和自己较劲的误区。为了拥有"美丽"这个尖端武器，她们时刻盯着电视上的美容广告，把每个月的工资都赞助给了那些化妆品公司，甚至为了拥有苗条的身段以节食、手术等极端手段大减特减。所有的一切，只为了听到人们说一句"啊！你真苗条！"事实上，她们早已成了一个极度虚弱的骨感美人。美则美矣，但没有健康的美丽，要来何用？真是"楚王爱细腰，宫中多饿死"。女人们千万要记住，我们今天要面对的可不是一个楚王，而是一个被男人主导、商人策划、女人参与制造的一个纯商业化的社会标准。美丽源于自信，如果你觉得自己很美，那么你就是世界上最美的人。否则，即使一个小小的商业漩涡，也能把你卷得迷失了自己。

色·戒

"魔镜魔镜！请让我更漂亮一些！"如果真有这样一面镜子，相信世上所有的女人都会不厌其烦地对它说下去。诚然，漂亮是每个女人梦寐以求的，然而凡事都有利弊，漂亮的容颜固然可以让女人们昂首挺胸神气得意，但漂亮带来的负面影响照样让很多女人烦恼不已。

漂亮女人的烦恼主要来自男人，更确切地说应该是具有某种机会的好色男人。

很多女人习惯性地认为：天下没有不偷腥的猫，更没有不好色的男人。这句话有失偏颇，我们更愿意称其为"异性相吸"。但无论怎么说，色狼总是有的，而且不在少数。

我认识一位漂亮的职业女性，她自己说，从小到大她不知道到底受到过多少人的赞美，更不知道接纳过多少人的羡慕。在以前，她也一直为自己漂亮的容貌而自豪。但是现在，她却越来越为自己的美丽而懊恼。就在前一段时期，她连续跳槽两次，都是因为遭遇到了好色的男人。有位领导甚至以晋升加薪为酬码，对她提出了不轨的想法。都是美丽惹的祸，对此，她只能逃之夭夭。但是她又能躲到哪里去呢？她说，每天都要在外边对付这种"色"男人，简直是麻烦透顶。

那么，女人们是否注定要成为受害者呢？当然不是。下面我们就来谈谈男人的好色之道，以及漂亮女人的应对之术。

很多男人的好色是以献殷勤开始的。面对漂亮的职业女性，男上司或男同事，甚至是男下级，都有可能利用职务之便，用"爱美人不爱江山"来蛊惑她们，好使她们放松戒备的眼神，或者使她们自己向男人们献殷勤。这些男人既温柔热情，又狡猾无比，他们总在琢磨着怎么和你接近，

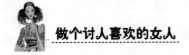

他们总能制造一些意外和你偶遇或者创造和你独处的时间。这时候你一定要注意，一定要看到男人们笑意盈盈的背后其实是肮脏的心理，一定要明白男人们的有求必应不过是鱼饵，是最险恶的陷阱。

相对来说，漂亮的已婚女人麻烦更多。有好事者调查发现，男人们玩感情出轨的游戏时，目标常常是那些已婚的漂亮女人，当然这个女人越漂亮越好。至于原因，他们往往冠冕堂皇地宣称：只有经历过生活的女人，才是成熟的女人，才最有女人味。但是实际上，却是他们害怕麻烦太多。

我们都知道，大多数未婚女人只要中意于一个男人之后，自然而然地就会想到嫁给他做妻子。一旦男人不娶她，她就会纠缠不休，让他负责任。如果再弄出未婚先孕、未婚生子等情况，那可就闯大祸了。不管男人们是否出于真心，都无一例外地害怕这一点。

至于已婚女人，男人们却不必担心这一类问题。即使女人动了真情难以自拔，男人们也往往能用一些小借口将她们打发掉，比如"我身体有病，不想连累你"、"我老婆太厉害，或许会谋杀我，不过我更担心你"，或者无耻地利用女性的同情心，说什么"孩子使我肝胆欲裂"、"孩子太小，我得尽到一个做父亲的责任"等，说完这些浪漫而又现实的谎言，男人们一般都能全身而退。

当然最让人头痛的还是来自上司的骚扰。如果因为自己的漂亮把男人们给惹了，不仅男人会骂你不识抬举，他们的女人和社会舆论也会骂你是狐狸精。因为正派，你却落到了如此田地，所以与其让男人"吃不到葡萄说葡萄酸"，还不如运用智慧见招拆招借力打力。

对于那些想入非非的男人，对于那些谈着谈着工作突然抓住你的手并深情脉脉地注视着你的男上司或男同事，你应该立即不动声色地抽回自己的手，接着再谈完该谈的事情，然后转身离去。再见面后，也要装作什么都没发生过。如此一来，无论是精明的男人，还是糊涂的男人，除了让他们佩服之外，你的表现还会让对方害怕，因为他们不知道你的深浅！所以，不动声色就可以办到的事情，就用默默的动作拒绝他；一个微笑可以办到的事情，就不要怒目而视；三言两语就可以化解的问题，就不要拂袖而去；能够回避的，就避免交锋；能够迂回的，就避免直接；需要装糊涂时，就绝不能清醒……

当然这与忍让有着本质的区别。事实证明，一旦女人们为了自己的名声或职位考虑，对好色的同事或上司稍有迁就，往往就会使对方的"色心"进一步发展成为"色胆"，甚至色胆包天，从而引发进一步的骚扰。对色狼迁就，无异于为自己预留了一枚随时可能引爆的炸弹。

请记住：如果不懂得用智慧去应对他，那就断然拒绝他。如果他真的对你有情，他就不会绝情，根本不会打击报复。如果他本来就是一时兴起，他也不会太用心，更不会因此迁怒于你，毕竟是他招惹了你，进一步招惹你就等于自取其辱。

总之，在这个只恨自己不能更美、不能更酷、不能更加招摇一些的现代社会，"不解温柔"早已不再是漂亮女人的最佳生存方式。与其在色狼群中躲躲闪闪，并且不断抱怨漂亮给自己带来了巨大的麻烦，还不如快乐地享受这一普通女人所享受不到的乐趣，并用智慧给予色狼或准色狼们恰到好处的回击。

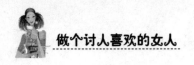

美胸源于自信

"做女人，挺好"、"女人，没什么大不了"、"女人，别让男人一手掌握"，类似的丰胸广告，在各大媒体上此起彼伏，沸沸扬扬。言外之意，丰豪挺耸的胸部，就是大多数女性对理想胸部的要求或梦想。

女性追求自己的曲线美，或者让自己的曲线更加迷人一些，这原本无可厚非，而且值得提倡。然而无可争辩的是，大胸部不等于曲线美。试想一下，瘦伶伶的秀气身材，配上一双巨乳，怎么会好看？那感觉就好比广漠的草原上莫名其妙地长出了喜马拉雅山，让人觉得突兀又可笑。

其实，即使女性胸部较小，但只要符合身体比例，且胸部线条漂亮、尖挺，其迷人程度也并不比大胸稍有逊色。

所以胸部较小的女性，根本没必要为了追求波涛汹涌的效果整日涂丰胸霜、用丰胸器，甚至寻求丰胸手术准备一劳永逸，更不要觉得自己胸部不够大就下意识地弯腰驼背，这样反而难看。哲人说，女人不是因为漂亮而美丽，而是因自信而美丽。这份自信，源于自己的才干、智慧和成功，而不是乳房的大小。

留意过时装表演的朋友都知道，那些走 T 台的模特儿鲜有波涛汹涌者，但是小胸部的她们即使不带胸罩也一样睥睨全场。那种怡然自得的神态，那种自然而然的女性曲线美，谁又能说胸小不好、不漂亮呢？怕的是"胸大无脑"，那就呜呼哀哉了！

女人们可以用文胸来"改良"自己的胸线。如果你的胸部较小，可以适当在文胸中加上衬垫，或者使用 1/2 罩杯或 3/4 罩杯的文胸，将胸部集中起来，小胸部照样可以看起来圆润挺拔。当然这里还要注意尺度，如果此举纯属为了吸引别人的注意，劝你最好别做，否则最终结果往往与你的最初目的大相径庭。

对自己身材不太满意，尤其是对自己的腰部不太满意的女性，可以试试束腰。当然即使你的线条很匀称，穿上束腰也会让你更加挺拔，胸部也显得更加玲珑，愈发风姿绰约，更何况它还有助于你保持优美的身段和优雅的姿态。

需要注意的是，无论是文胸、束腰还是连体式的美体修形衣，它们的尺寸必须与你的身材完全相合。比如文胸的最大功能其实是保护乳房，避免乳房过度下垂，烘托女性的曲线美其实是其辅助作用。如果文胸过大，虽然看起来乳房也会相应更大一些，但是起不到托胸的作用，无疑会从本质上影响自己的曲线美。当然也不要用过小的文胸去创造乳沟，那样固然可以迷人一时，但时间一长会使肌肉过度紧张，影响血液循环，进而影响身体健康。健康都没有，美从何来？

如果因为胸部韧带松弛导致乳房下垂怎么办？最好的办法无疑是防患于未然。

为避免这种情形，女性要多做健胸运动。最简单的方法就是高举双肩，再放下，注意双腿与肩同宽，双脚踮高，臀部收紧。向上高举时，动作不必太快，向下时则双膝下弯。经常练习，一来可以锻炼胸部韧带，二来可以美化侧边身体的线条。如果每天持续做20次，还能在保证胸部坚挺的同时，保证臀部紧致、不下垂。

洗澡时，可以顺便用水流进行胸部按摩。用水流按摩胸部，最好有短时间的低温刺激，可以改善乳腺组织营养，提高乳房肌肉和相关组织张力，促进其生长，同时还能让乳晕颜色及乳房形状更加漂亮。具体运用时要利用花洒，用温水或冷水交替着由下往上、由外向内冲洗、刺激胸部。洗完后，趁着身体微热，擦上滋润露，按摩胸部。据说著名影视红星曾宝仪就是用这种方法丰胸护胸的。

还有一些女人受广告影响，试图通过进补丰胸食品改良自己的胸部。其实与其食用那些功效有限甚至有副作用的保健食品，还不如自己进食一些纯天然的丰胸食物，比如木瓜、水蜜桃、樱桃、苹果、杏仁、核桃、腰果、莲子、芝麻、花生、黄豆、奶制品、莴苣类蔬菜、牡蛎、蛤蜊、海参、鸡脚、鸭脚、牛筋、猪脚等。

综上所述，胸部不是自信的源泉，只要符合身体比例，你的胸部就是世上最美的胸部，你最需要做的，就是呵护好她的坚挺和娇美。

化妆8忌

　　无论是"为悦己者容"，还是为了自悦，女人们总是习惯于坐在梳妆台前，涂脂抹粉一番，哪怕只是涂一下唇膏，梳一下头发。在生活水平大大提高的今天，女人们的化妆台一个个排列得满满当当，但是某些女人的化妆效果，却着实令人不敢恭维。

　　究其原因，就在于她们走进了化妆的误区，非但没能让自己更加光彩照人，反倒把好好的一张脸糟蹋得惨不忍睹，甚至由于滥用化妆品引发了皮肤问题，后悔莫及。对于爱美的女性而言，还有比这更悲惨的吗？

　　下面我们就来讲一讲化妆时必须注意的8大问题，希望对每一位女性都有所帮助。

1. 不要迷信进口化妆品

　　众所周知，化妆品是仅次于食品、药品、保健品之后，需要经过动物实验和志愿者测试才能生产销售的一类产品。欧美国家的化妆品，一般会"就地取材"在白种人身上做试验，相对来说更适合白种人的皮肤。我们是黄种人，与白种人的肤质不同，因此不加选择地使用进口化妆品，极易引发皮肤过敏等问题。另外，欧美国家的产品未必就比国内产品好。

2. 别用手指直接挑用化妆品

　　通过很多广告我们知道，我们的双手遍布细菌，即使洗得再干净，也不能彻底灭绝。如果直接用手指挑用化妆品，就会把细菌带入化妆品中，引起化学反应，导致化妆品变质，这样的化妆品使用到我们的脸上，结果

可想而知。所以，使用化妆品时最好用消毒的竹签挑取。而且化妆品一旦沾手，绝对不能再送回瓶内，化妆品的瓶口、瓶盖也要严加注意，避免与不洁物碰触。化妆品使用完毕，要把容器口擦拭干净、盖严，放在阴凉干燥处保存。

3. 不要使用过期的化妆品

很多化妆品，如冷霜、按摩膏、粉底霜、唇膏、胭脂、指甲油、眼影等，放置时间过久时，容易引起腐败变质，不仅影响化妆效果，还会引发皮肤问题，出现发痒、红肿、丘疹、水疱等症状。所以，购买化妆品时不宜一次性购买过多，化妆前要留意化妆品的香味、颜色及脂质是否有变，一旦发现异常，应立即弃之不用。如果引发了相关皮肤问题，应立即就医。

4. 不宜长期使用药效化妆品

所谓药效化妆品，即是指处于药品与化妆品之间的一类产品。它是在化妆品中加入一种或几种药剂，使之作用于患处皮肤。常见的雀斑霜、暗疮霜及脱毛剂等，都属于这一系列。然而，由于人类皮肤表面存在着许多有益菌，它们可以起到防止其他细菌和病菌繁殖、侵入的作用，常用药效化妆品就会杀灭这些有益菌，同时导致其他致病菌产生抗药性，给治疗疾病增加难度。所以一旦病愈，应该立即停用药效化妆品。当然也不可自行决定使用此类化妆品，如有需要应在医生指导下使用。

5. 切忌过量使用化妆品

使用化妆品绝非多多益善。首先，过量使用化妆品会影响皮肤新陈代谢，特别是过量使用粉质、霜类化妆品时，极易堵塞皮脂腺和毛孔，从而降低皮肤的代谢与吸收功能，严重时可诱发色斑。其次，大多数化妆品中都含有色素、香精、防腐剂等人工合成添加剂，过量使用时可对皮肤造成一定程度的刺激，刺激程度与使用量及使用时间呈正比。最重要的一点，是某些化妆品中含有过量的铅、铬、铜等重金属，长期过量使用，会引发慢性中毒。所以，为了自己的健康，女人们还是略施粉黛为妙。

6. 千万不要"博采众家"

有些女人会这样想，美宝莲的口红最好，OLAY 的防晒霜最好，宝姿的滋润霜最好，玉丽的粉底最好，把它们组合起来，博采众家之长，多好！其实大错特错，因为在肌肤上混合使用不同厂家生产的化妆品，极易引起化学反应。所以，使用化妆品，尤其是基础化妆品时，最好选择同一厂家生产的系列化妆品。

7. 化妆工具也要定期更换

化妆工具是指粉扑、海绵，以及前面提到过的挑取化妆品用的竹签等，每当接触到我们的手、脸，工具上就会沾染上皮脂、汗液和细菌。如果不及时清洗、更换，细菌就会在上面繁殖，最终回到脸上破坏我们的皮肤。所以，化妆工具应该及时清洗消毒，并定期更新。如果因此引发了皮肤问题，无疑是最大的"因小失大"。

8. 不要试图用化妆实现理想中的面容

永远都不要忘了，化妆品是绿叶，你的脸蛋才是红花。正如古希腊大哲学家亚里士多德所言——艺术就是弥补自然的缺陷——坐在化妆台前，你首先必须明白，你是上帝的杰作，你的脸是世上独一无二的。你应该做的，不是为了追求理想化的面容而掩饰自己，而是通过化妆将你特有的美丽展现给周围的人们。你本来就很美，不是吗？为什么非得要掩饰自己的美，去追求别人的美丽呢？化妆，的确是一门人人都会却又人人都不太会的学问。用心去学习和研究化妆吧，你一定会越来越美。

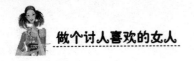

细腰之魅

"楚王爱细腰，宫中多饿死"。据说，春秋时期的楚灵王特别喜欢看腰肢纤巧的宫女轻歌曼舞，一时间不少宫女为求媚于楚灵王，争相少食忍饿以求细腰，结果很多人都得了厌食症。

当然国人爱细腰的历史远比楚灵王要早得多。《诗经》中的《关雎》一诗说道："窈窕淑女，君子好逑"，"窈窕淑女，寤寐求之"，"窈窕淑女，琴瑟友之"，"窈窕淑女，钟鼓乐之"，全诗一共10句，却有4句在写"窈窕淑女"。何谓窈窕？身材苗条婀娜，其腰纤细也。

类似的例子还有汉时的赵飞燕，据说能作掌中舞，这固然有些夸张成分，但其盈盈纤腰却是我们都能想见的。以此类推，我们也可以想象得到妲己、褒姒等倾城灭国的女人们，也必定有一副诱人的身材，其腰亦必纤细。

也许有人会说，唐朝的杨玉环，不是以胖为美驰名当时留名后世吗？其实不然，古人云，环（杨玉环）肥燕（赵飞燕）瘦，恰到好处，而且杨玉环的肥肯定不是肥在了腰上，从她能跳霓裳羽衣舞来看，其腰肢必柔软纤细。

另一方面，大多数女人则在为自己的腰粗愁眉不展、郁郁寡欢，即使她们的腰部只是稍粗而已。据说，英国女王伊丽莎白二世加冕时，万事俱备，偏偏她的腰不争气，根本套不上那套祖传下来的加冕礼服。无可奈何之下，她只得暂停加冕，直到三个月后减肥初见成效时才最终登上了女王宝座。

当然最主要的还在于腰粗对女人魅力的强大杀伤力。在这个无可争议的"女为悦己者容"的男权世界里，腰粗无疑是对女人最大的惩罚。君不见有多少美女、靓女、酷女、才女因为腰部稍粗日日颦眉时时焦虑，为了保持优美身材而饱受折磨：不喜欢运动的偏偏去跑步，喜欢吃零食的只能望零食而兴叹，克制能力弱的只能求助于减肥药，每天只敢吃少量水果喝几杯开水，人前大声慨叹自己"三月不知肉味"。脂肪，尤其是腰部脂肪，成了她们最大的共同的敌人，但在这个敌人面前，她们束手无策。

有一个小笑话，可以从侧面说明细腰对女性的必要性：

有一天，0和8在街上相遇，0不屑地看了8一眼，冷冷说道："胖就胖了呗，还系什么腰带？哼!"

那些状如0样的女人，没办法不去嫉妒那些形如8样的女人。即使你的心态很好，你能架得住与整个男人世界隔离吗？一位曾经肥胖后来经过努力变得苗条的女士曾经感慨地说："天下所有的胖女人都是与男人隔离的，或者说是被自己的脂肪所隔离。我的亲身经历就是——不管胖女人怎样，别人总认为她有点滑稽，好像胖女人生来就应该成为调侃的对象……"

那么，为什么没有男人喜欢腰粗的女人或者说女人的粗腰呢？即使她很漂亮，即使他很爱她。因为腰部的粗细，直接决定着女人的性感指数。俗话说："男人的行李，女人的腰，摸不得"，男人的行李中有钱，自然摸不得；而女人的腰，则是女人除了胸和臀以外最明显的性感符号。女人的腰上有情，只对有情人开放。可以说，揽住了女人的腰，就等于赢得了女人的心。

有人说，眼睛是心灵的窗口，可以表现一个女人的灵性。那么我们说，腰则显示着女人的灵动，再漂亮的脸蛋，再如何的丰乳肥臀，如果腰部不如意，那么一切都将大打折扣。而腰肢款款的女人，即使是摆腰扭胯这种简单的动作，也会显得风姿绰约，让人眼前一亮再亮。套用国内某美学教授的话说就是——腰，能使女人身上硬的东西软下来，死的东西活起来，静的东西动起来。拥有了一款美腰并学会如何让它带动身体律动起来，你就拥有了征服世界的魅力，到那时，为之注目的，又岂止是男人的目光!

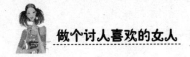

　　古人则说："食，色，性也，"你又怎么能要求男人们去发自内心地喜爱一个"腰部便便"的女子呢？相反，手揽纤纤细腰，与一吐气如兰的美人耳鬓厮磨，是每一个正常男人梦寐以求的。也因此，即使一个男人胖到无法再胖的程度，他们也从不在乎自己的腰，但却无一例外地关心身边的女人的腰，而且是越细越好。

　　现代美学也证明，腰臀比例小于 0.7 的女人最性感，也最有魅力。众多女性梦想的 S 型身材，就是以腰为枢纽同时连接着乳房和臀部两大性感区的完美结合。如果没有纤腰在中间承上启下，其身材至多也就是 H 型。

　　要想保持细腰或者根治腰粗，运动和减食是治本良方，其中又以控制饮食为主。可以想象，一个贪口福的女人若想拥有完美腰身势必千难万难。英国作家毛姆曾经写过一段自己的经历：年轻时，毛姆穷得叮当响，有一次他倾其所有请一位自称仰慕他的女读者吃饭，毛姆认为作为一位如花似玉的妙龄女子，对方一定会为了保持三围"浅尝辄止"，不料该女士却吃了一碗又一盘，直吃得腰里没几个铜板的毛姆先生心惊肉跳。最后毛姆说，上帝替他报了仇——五年后再见到那个女读者时，她已经变成了一个脂肪球了。

　　当然腰部粗细与我们减食多少并不成正比，真正明智的女人更不会为了腰部再细一寸而强忍饥饿，有道是"一口吃不成胖子"，减肥也是一个循序渐进的过程。如果因为追求美而影响了健康，世间又有几个贾宝玉会欣赏这种病态的美呢？

做个"睡美人"

著名影星巩俐被称为"全球最美的东方女人",虽然已经年届40,但她的光彩,她那由内而外散发出来的迷人气质,仍令一些堪称"青春美少女"的业内同行羡慕不已。她有什么秘诀呢?巩俐说:"时刻保持一份乐观自信的心境和充足的睡眠,人自然就美了起来。"

国内的张柏芝、章子怡、张曼玉、大小S姐妹,国外的麦当娜、尼可·基德曼、苏菲·玛索等著名艺人,也都曾在不同场合介绍过睡眠对保持美丽容颜的重要性。她们的美丽,就是最好的证明。

对于睡眠与美丽的关系,哲人这样说:"美丽是上帝送给女人的第一件礼物,也是第一件收回的东西,但是看到女人们失去美丽后痛苦悲凉的表情,上帝心软了,又给了她们另一件法宝,那就是睡眠。"

即使是普通人,饱睡一场后你也会发现自己在一夜之间突然变美了一些,肌肤紧致,眼睛澄亮,整个人显得神采奕奕。

睡眠为什么会让我们变得美丽呢?原来,当我们进入熟睡状态时,大脑会释放一种特殊的生长激素,促进皮肤的新生和修复,保持皮肤细嫩、有弹性。与此同时,人体内的抗氧化酶活性也会相应提高,从而有效清除体内的自由基,保持皮肤的年轻态。反过来说,如果睡眠不好或睡眠不足,生长因素的浓度和抗氧化酶的质量就会下降,从而引起痤疮、粉刺和皮肤干燥等皮肤问题,眼睛凹陷、黑眼圈更是睡眠不足的首要征兆。

此外,睡眠不足还会从许多方面直接或间接影响美丽,直至影响我们的身体健康。具体说来,这主要表现在以下几方面。

1. 睡眠问题会间接导致肥胖

睡不好觉会变胖?可能很多女性会觉得不可思议,但事实的确如此。

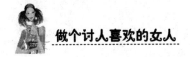

科学研究表明，我们的身体里有一种叫做瘦素的荷尔蒙，这是一种维持身体不至于突然增重的重要物质。当睡眠不足或睡眠质量不佳时，体内的瘦素就会逐渐下降，受此影响我们的大脑就会产生一种很想吃东西的信息，从而大量饮食，多余的脂肪自然会在体内越积越多。

2. 睡眠不好的女人更容易衰老

前面说过，熟睡时，我们的大脑会分泌较多的生长激素，它拥有使细胞再生的能力，可以让我们的肌肤保持年轻光彩、有弹性。反之，当睡眠质量不佳时，肌肤细胞无法进行更新，或者更新速度较慢，我们的气色自然显得又老又暗淡。经常睡不好觉，整个人就会看起来更加衰老。需要提醒的是，相对于男性来说，女性必须睡得比较久、比较深才能获得足够的生长激素，而且年纪越大时，生长激素的分泌量会越来越少，所以要想保持青春不老，睡眠是首要关键。

3. 睡眠不好会让女人情绪变坏

一个经常烦躁不安、甚至歇斯底里的女人，即使她生得再漂亮，无疑也与美丽相去甚远。而失眠或是睡眠质量不良就是导致多数女性情绪不佳的首恶元凶。睡眠不好的女人，不但注意力无法集中、精神涣散，也因无法化解积存已久的心理压力，变得很容易出现生气、躁动等情绪上的反应，严重时甚至会引发更多精神层面的疾病，如忧郁症、躁郁症、记忆力减退等等，甚至变成生活中的定时炸弹，害人又害己。

4. 睡眠不好容易引发多种疾病

睡眠不好乃至长期失眠本身就是一种严重病症，另外睡眠不足还是引发心脏病、高血压、免疫功能失调、内分泌失调、抵抗力下降、糖尿病体质等多种健康问题的根源。所以，即使你把美丽看得很淡，至少也要为自己的身体健康考虑考虑，毕竟健康第一，其余的都在其次。

既然科学已经证明睡眠对美容有如此神奇的功效，也对我们的美丽和健康有着如此严重的影响，那我们何不对自己更好一些，让生活变得简单一些，让美容不再是少数人享有的特权呢？

当然，拥有良好的睡眠并非易事。无论是生活、工作的压力，还是受吸烟、饮酒等不良习惯影响，睡觉这种再简单不过的本能却让很多女性难以做到。在此为大家提供一些秘诀，希望所有的女人们每天都能够安然入梦，越睡越美。

1. 睡前洗个热水澡

临睡前轻轻松松洗个热水澡，最好是泡澡，可以促进副交感神经发挥功效，从而帮助我们入睡。需要注意的是，泡澡时水温不能太高，因为高温会使体温上升，刺激交感神经，那样的话你会更加兴奋，更加难以入睡。

2. 临睡时做个柔软操

临睡前做一段柔软操或一些简单的伸展运动，有助于缓解一天下来的紧张情绪，也能让副交感神经发挥作用，帮助入眠。

3. 白天多到户外运动

生活中我们发现，经常运动的人总是睡眠质量较高，这是因为运动可以促进交感神经功能发挥，进而促进自律神经恢复正常。经常运动的人，不仅早上有精神，晚上也更容易入睡。不过千万别做过于激烈的运动，那样反而会促使脉搏跳动次数增加，让交感神经过度旺盛，如此一来就更没办法入睡了。

4. 晚餐适量吃些有助睡眠的食品

《黄帝内经》中说："胃不合则卧不安"，可见夜里能否睡得好，与晚餐吃了什么食物关系密切。现代营养学家也指出，导致睡眠障碍的原因之一，就在于人们在晚餐中吃了一些"不宜"的食物。所以，晚餐时必须远离那些让人夜不能寐的食物，转而适当吃些有利于睡眠的食物。对一般人群而言，牛奶、小米、苹果、核桃、芝麻、葵花子、大枣、蜂蜜、全麦面包、醋等食物都有助于睡眠。而辣椒、大蒜、洋葱、酒类以及所有含咖啡因的食物则会让人失眠，生活中要引起注意。

所以，女人塑造美丽，首先要从营造良好睡眠开始。只要每天保持充足的睡眠（不少于7小时但不超过9小时），并持之以恒，过不了多久，你就会成为下一个窈窕派的睡美人！

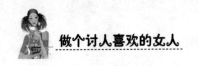

社交服饰"TPO"

有句俗话叫做"嫁汉嫁汉，穿衣吃饭"，可见自从人类制出第一件"皮草"开始，穿衣便成了人们尤其是女人们凌驾于吃饭之上的头等大事。在吃穿住行"四大件"当中，也只有穿对于人类有着多种作用，那就是遮羞、御寒和美化形象，及至后来，服饰还被赋予了另外一种功能，那就是身份和地位的象征。

时至今日，着装又有了更多的内涵。除了上述各种功能以外，它还能显示一个人的涵养、心理状态等多种信息。正如莎翁所说："服饰往往可以表现人格。"因此，穿什么样的服饰是一个人内在品格的表现，是一个人涵养的外化。使自己的服装整洁得体，同样也是增强气质魅力的重要途径。

女性服饰通常包括衣、裤、裙、帽、鞋以及袜、手套、围巾及各类辅助衣饰等。正所谓人靠衣裳马靠鞍，同样的一个人，如果穿上一身适合的服装，就会使人看起来风姿绰约，给人留下良好的印象。同样，即使一个人生得非常漂亮，但如果服饰打扮不合适的话，也会给人以不伦不类的感觉。一般来说，职场女性工作或出入社交场合时要注意以下着装原则：

1. 整洁原则

无论服装及其配饰的款式多么入时，也不论其面料多么华丽，如果一件服装或配饰不够整洁的话，那么穿着者的仪容终将大受影响。同时，衣衫不整、邋里邋遢，也是对人不尊重的表现。因此，女性着装首重整洁，否则再好的服饰也只会给人以恶劣的印象，让人难以接受，美丽、魅力等等无异于空谈。

2. TPO（Time Place Occasion）原则

TPO原则是西方人提出的服饰穿戴原则，时至今日早已在世界范围内流行，也即着装协调国际标准。

（1）Time原则

Time原则是指服饰穿戴的时间原则，即服饰穿着应适应时代潮流和流行节奏，而过分复古或前卫都会引人反感。此外，我们还应根据季节变幻、一日内时间推移以及人生的不同年龄阶段选择不同的服饰，并及时进行相应的调整。如冬天穿短裙、白天穿睡衣、老人穿得扎眼等都是不合时宜的表现。

（2）Place原则

Place原则是指服饰穿戴的地点原则，即服饰穿着应考虑与地点或环境相适应，当所处的地点、环境或文化背景发生变化时，我们都应该进行适当的调整。如某些穆斯林国家有妇女不可"抛头露面"上街的习俗，国内的一些女游客就由于没有佩戴面纱遭受了异端份子的攻击。

（3）Occasion原则

Occasion原则是指服饰穿戴的场合问题，即服饰穿戴应与特定场合相适应，或根据场所变化穿着适合的服饰。如国家元首在正式场合（如接见外宾时）必须穿正规服装，而在休息时则可以穿休闲服装。

在职场中，职业女性还应该遵循服饰穿戴的固有原则，具体说来有以下几方面：

1. 符合身份

职场女性着装时应根据其具体身份选择合适的服饰，否则会给人以不伦不类的印象，不仅贻笑大方，还会影响别人对自己的看法，间接地影响自己的工作和事业发展。一般说来，职场女性的服饰既应符合经济原则，又应以不使人感到突兀为前提。比如在办公室中，一个处于基层的女员工经常穿得非常昂贵，而他的上司却穿得太过寒酸，这无可避免地会使人感到尴尬。再比如应聘时，如果能够穿着比较简洁、老成的服装，就能够使自己的成熟魅力表现无遗，极有可能赢得面试官的信任，赢得工作机会。

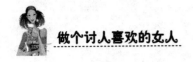

2. 适应环境

在职场中，我们也应该根据自己不断变幻的职场角色，适时地改变自己的服饰。比如一名推销人员在上门推销时，更多的代表着公司的形象，所以推销人员的服装不仅应平易近人，也应给人以起码的尊重。所以，职业女性在穿衣佩饰之前，首先应该充分考虑我要做什么，我的角色是什么，从而做到着装恰到好处。

3. 适合自身条件

爱美之心，人皆有之，借服饰之美来装扮自身，无疑是所有职业女性的初衷。然而受许多不可抗因素影响，只要是人，都或多或少的存在某些缺憾，"人无完人"绝对不是危言耸听。在这种情况下，通过服饰之美来掩饰自己、美化自己也就显得非常的必要。不过，在选择服饰时，职业女性必须充分了解自身特点，根据自身特点选择合身适体的服装。如身材娇小的女性，穿着过肥过大的服装势必会有损形象，适合她们的衣服应该是紧身的上衣和长裤等。

除遵循以上着装原则以外，职业女性还必须掌握以下着装禁忌，从而避免相关不良情况的发生。

1. 高档服装随意穿

随着社会的不断进步，越来越多的女性开始走进社会，并取得非凡的成就。于是，这些既有钱又有地位的女性们便开始疯狂地采购。然而由于她们一味追求高档消费，既不注意着装地点、场合，又不注意衣服的搭配，结果反倒适得其反。比如穿着高档服装下厨做饭、上街买菜，或者衣服虽然昂贵，但鞋子不合适、手提包过时等等，都会收到相反的效果。因此，穿着高档时装时要讲究整体美，高档服装也只有在特定的场合才能显出主人的身份与地位。

2. 奇装异服胡乱穿

这里所说的奇装异服，主要是指有着各种装饰品的衣服。生活中，很多女性都对各种各样的装饰品情有独钟，商家也投其所好，适时推出了诸如亮片装、蕾丝装等等，更有很多女性在穿着此类服装时，同时佩戴许多金银首饰，满身珠光宝气，看似雍容华贵，其实却会给他人以庸俗的感觉。所以职业女性在选择服饰时应以简约、和谐为主，当然有着适当点缀的服装，也能在一定程度上展现女性的美丽，这中间要注意把握好尺度的问题。

3. 没有品味跟风穿

人们生活水平的提高，使得很多女性的爱美之心得到了极大满足。不过由于缺乏必要的审美观和对自身条件的不甚了了，很多女性跟风买来的很多衣服只能被压在箱底，或者穿上使人感到怪异，从而造成不必要的浪费和消极的影响，所以职业女性的每一件衣服都应该精挑细选，务必适合自己，穿衣和购衣，同样应该坚持宁缺毋滥原则。

4. 不分年龄盲目穿

不如意事常八九，事业的成功也往往意味着年龄的增大、容颜的逝去。这时候通过服饰来弥补岁月的流逝，再现青春风范原本无可厚非，但在具体操作上，我们还是应该面对现实，而一味追求年轻的装束，就会给人以老不正经、滑稽等感觉。其实，中老年女性自有其成熟及沧桑之美，如果加以挖掘，又有谁会否认你的美丽及魅力呢？

5. 不顾健康舍命穿

专家研究表明，长时间穿着又紧又窄的胸罩、尺寸太高的高跟鞋、太小太紧的内裤、连体紧身胸衣、牛仔裤、迷你裙、尼龙丝袜等，都会给女性身体带来一定程度的损害，进而影响女性的健康之美。

此外，生活中还应注意一些常识类的禁忌，如出席婚宴时禁穿白色、黑色等，参加丧礼时不能穿红色及太鲜艳的衣服等。总之，我们要在工作、生活中时时留意，处处细心，通过得体的着装展现并增强我们的魅力与风采，从而使自己成为一个受欢迎的女人。

形象打造有 7 招

自信大方、优雅得体的形象是上帝为职业女性走向社会、走向成功开具的一张通行证。一个美丽的职业女性，其最佳形象，应该是优美的身材、娇好的容貌、得体的举止、讲究的衣饰等多种优势综合起来，给人以美好的女性形象。这种形象，与技术、知识等能力一样重要。要想塑造自己的良好形象，职业女性应该从以下 7 方面加以努力。

1. 注重个人修养

修养原意是指修身养性、反省自新、陶冶品行和涵养道德。提高自己的修养，平时应该多读书、多学习，同时向有经验的成功人士尤其是成功女性学习社交知识，积极培养自己在文学艺术上的兴趣和水平，增加内在美，日积月累才不至于空有外表而一张口就漏洞百出。

2. 突出自我个性

自我个性也即女性的特色魅力。女性的美貌往往是最直接的吸引力，然而随着交往的加深、了解的增多，真正能长久吸引他人的却是女性的个性。因为这里面蕴含着她自己的特色。即使有一些形体上的缺陷，如能精心改造，它们反而会成为惹人怜爱的个性特征。比如世界名模辛迪·克劳馥出道时曾被要求祛除嘴角的黑痣，而现在那颗不被看好的黑痣反倒成了她的标志。

3. 追求女性气质

气质是指一个人相对稳定的个性特点、风格和风度。好的女性气质大多表现为温柔、聪慧、高雅和恬静。一个时刻保持着女性特有气质的职业丽人，无疑是这个以男士为主的众多的社交活动中的一缕清风，自然会受到众人的欢迎。反之，与女性气质相悖离甚至格格不入者，必然会遭到世人冷落。

4. 高雅的志趣

高雅的志趣也是气质美的表现之一，她能让女性之美锦上添花，从而使工作、爱情和婚姻生活充满迷人的色彩。除了前面说过的文学、美术、音乐、舞蹈、瑜伽、各种时尚运动等等，都是职业女性不错的兴趣选择。只要找到了符合自己的志趣并为之欣喜为之努力，你的身上自然会有一股夺目的气质。

5. 良好的仪表

职业女性一定要重视自己的外貌和服饰，良好的外貌形象表现出一个女性对生活的态度，是热情进取还是颓废混日子，是看重自己还是对自己的好坏都无所谓。得体的衣饰，也可以使别人看出她是否自信，是否尊重自己以及她的审美修养。

6. 表情开朗生动

如果一个女性的面部肌肉太紧张，总是阴着脸或者皱着额头，久而久之就会不自觉地形成一副愁眉苦脸的样子。所以，职业女性要保持面部肌肉柔软而又生动，时刻让人有如沐春风之感，这不仅是表现姿态美的主要方法，也是很多其实并不太美的女性极受欢迎的根本原因所在。

7. 举止大方得体

举止通常是指人们在正常生活、工作中，为适应环境、适应工作需要不断做出的各种各样的姿势及一些辅助性动作的总称，它不仅仅是一个人美丑的重要衡量标准，更是一种无声的语言，随时在向人们传递着种种信息，直接影响着他人对我们的看法。可以说，一个举止得体的女人，无论走到哪里，都会受人欢迎和尊敬；同样，举止行为不雅或者故作姿态者，也必然会引人反感，其工作、生活也必然大受影响。

可以说，只要做到了以上几点，并不断精益求精、严格要求自己，任何一个职业女性的形象都可以实现质的飞跃。

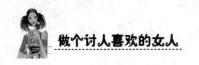
三分长相，七分打扮

　　容貌是女人的第二生命，很多女性甚至把容貌看得比生命还重。那么，怎么才能让自己的容貌更加靓丽、更加完美一些呢？有道是"三分长相，七分打扮"，巧妙的梳妆打扮，不仅可以弥补很多让女人们原本不满的瑕疵，甚至可以化腐朽为神奇，让那些小麻烦成为女人的美丽标志。还是那句老话，世界上没有丑女人，有的只是懒女人。只要我们能够"刻苦"钻研打扮的技巧，能够随环境的变幻随时展现自己的美丽，我们终究会成为一个"人见人爱"的美人。

　　通常情况下，职场女性在装扮自己时，应该从以下方面入手。

1. 服装

　　人靠衣装，佛靠金装。对于爱美的职场女性来说，她们的衣橱中永远都缺少一件新衣。为了更美丽一点，很多职场女性往往一掷千金，甚至把自己的大部分收入都用在了购置服装上面。但是审美观欠缺或对自身的了解不够，她们费尽心思买来的大部分衣服只能被用于收藏。因此，职场女性在选购服装时应根据自身特点购置。一般情况下，要根据自己的体形、肤色、面貌等选择适合自己的服装，并力求穿出自己的风格及品位，时刻展现自己的风情万种。

　　(1) 根据身材选服装

　　无论服装的款型、颜色、面料如何，如果一件衣服与穿着者的身材不相一致，即使穿着者千娇百媚，也只会让人看了感到奇怪或者可笑。同样，如果选择了合体的服装，那么女性特有的曲线美也必然得到恰到好处的展现。一般来说，身材娇小的女性，不应穿着过于肥大的衣服；身材较为粗壮的女性，穿着紧身类的衣物也会给人以更加臃肿的感觉；身材超胖的女性，不仅应该选择合适的衣服，同时也必须抓紧减肥，不然的话衣服再美她们也只能是可望而不可穿。凡此种种，不一而足，女性朋友在选购衣服时最好先试好再选择，不然的话只会徒增烦恼。

（2）根据肤色配服装

拥有健康的肌肤，一直都是所有女性梦寐以求的。但是人无完人，很多女性的皮肤都会出一些小问题。这时候，通过搭配合适的衣服来增添自己的魅力不失为一个好办法。一般来说，肤色白皙的女性比较容易搭配衣服，但还是应以鲜艳或深色的服装为主，前者可以使女性显得白里透红，后者则可以凸显女性的优雅气质；对于肤色较暗的女性，深色衣物如纯黑、深褐等就很不适合，因为这会将其皮肤映衬得更黑、更暗，而色彩较明亮的服饰却是这类女性最好的选择，因为这类衣物可以使女性朋友的肤色看起来富有光泽，这不失为另一种美。

（3）根据场合配服装

在不同的场合，一个美丽的女性也应根据周围环境变幻自己的服装，以展现自己的万种风情。但是，和谐美永远都是服饰美的灵魂，一个穿衣过于出众的女人，通常会被认为是一个张扬的女人，而这正是一个女人是否受人欢迎的大忌。通常来说，出席正式的宴会时，女性应选择晚礼服；而居家或亲密朋友聚会时，就可以随意一些；对于职业女性，职业套装永远都应该是她们的首选。

2. 化妆

欲把西湖比西子，淡妆浓抹总相宜。从古至今，化妆对于女性一直都很重要，即便是天生丽质，化完妆后同样可以平添一份风韵。时至今日，功能齐全、五花八门的各种化妆品更是让所有女性的爱美之心获得了满足。但是化妆的要领也并非人人都能掌握的，这就造就了一个令人尴尬的局面，很多女性不会化妆，她们化完妆不仅不会给人以美的享受，反而会让人难以接受，甚至大倒胃口。

（1）妆容

与服饰穿戴一样，化妆也有其原则。简单来说，职场女性应根据自身特点和不同场合变幻不同的妆容。通常情况下，在出席正式场合并穿着较为华丽的衣服时，宜化浓妆或是稍微夸张、流行的妆容，特别是参加比较隆重的聚会时，尝试一下平时不敢表现的夸张妆容，给所有人一份惊艳，根本算不得过分。但是对于职业女性来说，无论是在办公室，还是与客户接触时，都应杜绝浓妆艳抹，薄施粉黛、淡妆出场不仅能使人显得清丽脱俗，更会使他人易于接受，从而受人欢迎，赢得人脉。

（2）头发

对于所有女性来说，头发无疑是衡量其是否美丽的标准，因为照常规来看，打量一个人时，首先注意的往往都是对方的头发。那么，如何才能使自己的头发变得富有魅力呢？一个人是否美丽，与其发质、发型密不可分。因此在修饰头发时，除了保持必要的清洁外，职场女性尽量做到不染发，不留奇异的发型等，否则不仅会影响自己的妩媚，还会让人产生不正派的感觉。

需要注意的是，在出席比较隆重的聚会时，职场女性必须事先梳洗头发，哪怕迟到，也不要"头顶乱草"出现在众人面前，这不但有损个人形象，也是非常失礼的表现。此外，如果在应酬过程中需要重新整理头发，应该到卫生间整理，否则只会让人感到难堪，给人留下恶劣的印象，进而影响交往或工作。

3. 首饰

相信再没有任何一种事物能够比首饰更受女性青睐，究其原因，就在于精美的首饰能够最大程度地提升女性的风韵，并且往往能起到画龙点睛的效果。但是，佩戴首饰也应根据场合和自身条件，否则只会给人留下满身铜臭、庸俗不堪的感觉。

一般情况下，选购和佩戴首饰时，职场女性应根据自己的脸型、身材、节令、场合、服装等等，选择适宜的首饰。

（1）根据场合佩首饰

出席比较正式的场合时，可在穿着华丽的衣服的同时，配以自己最高档次的首饰，以凸显自己高贵、优雅的气质。反之，如果在隆重的场合舍高档次首饰不用，而代之以一些过于朴素甚至粗制滥造的首饰，这只会降低自己的品位，从而为他人所不喜。此外，即使你拥有很多件首饰，也绝对不要试图把它们全都披挂上阵,金光闪闪、宝气逼人的女性往往会给人留下暴发户或庸俗的印象,连带着对方也会质疑你所在公司的企业文化。

此外,职业女性佩戴首饰还应该适合工作氛围,对于一些夸张的首饰如大圈耳环或过于昂贵的首饰,职业女性应尽量在其他场合再佩戴,而一些端庄的首饰,则能够恰如其分地体现职业女性的精明干练,再配上典雅的妆容,相信一定会大受同事和客户的好评。

(2)根据服装戴首饰

在佩戴一件首饰之前,女性朋友还应根据服装的面料、颜色、款式等不同,选择相互适宜的首饰。通常情况下,如果穿着深色系衣服时,就可以利用浅色系首饰加以修饰,这样既能衬托出服装的档次,也能映衬出首饰的华贵。同样,如果身穿浅色系的服装,就应该考虑用颜色比较鲜艳的首饰来相互映衬。当然了,职场女性应该提前着装,在家中多照几次镜子,只有这样才能把一个最美丽的自己呈现在大家面前。试想一下,一个美丽而又有品位的女性,又有谁会不欢迎呢?

(3)根据自身条件选首饰

白皙无瑕的肌肤无疑是最佳的肤色,这一类幸运的女士可以选择任何一种首饰,可以不同角度地展现女性的不同之美,如银饰可以将人衬托得更加清丽、纯真,宝石可以使人显得雍容华贵,贵气逼人,将女性的气质展现得淋漓尽致。

肤色较暗的或稍有瑕疵的女性,在佩戴首饰时也应注意扬长避短,如矮小者尽量少戴头饰,以免给人造成头重脚轻的感觉。对于戴眼镜的女士,在出席宴会时应尽量戴隐形眼镜,否则再配以几件首饰,会让人产生眼花缭乱的感觉,影响自身形象。

对于那些有着身材缺陷的职场女性,应尽量避免在相应部位佩戴首饰,否则只会让自己的缺点暴露无遗,得不偿失,同时,我们也可以在自己比较满意的部位佩戴适宜的首饰,起到锦上添花的妙用。

4. 香水

有人说,香水是女人的最后一件衣服;也有人说,香水是女人一生的朋友;还有人说,所谓的女人味,即是指香水的味道。此话不假,一个美

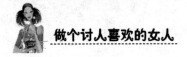
丽优雅的女性，带着一股似有若无的香气，无疑会让人心旷神怡。同样，一个懂得使用香水的女性，也必定是一个精致的女性。因此，掌握以下使用香水的技巧，对于所有女性朋友来说，都显得非常的必要。

对于职业女性来说，无论是在办公室中，还是与客户打交道时，选择适合自己的香水，无疑能提升自己的魅力，能拉近双方的距离，进而出色地完成工作或促成双方的愉快合作。需要注意的是，职业女性选择香水应以淡雅为宜，也不应洒得太多，否则会引起他人的反感，进而影响人际关系，影响工作和事业发展。

此外，在探望生病的朋友尤其是呼吸系统不适的朋友时，可以考虑不洒香水，以免给患者造成痛苦。

除了以上介绍的一些要点之外，打扮之道还有很多很多，这还需要职场女性在生活、工作中加以总结，相信随着用心程度的不断加深，你终究会成为一个美丽优雅的女性，同时也定然能够受到大家的欢迎。

衣装气韵

为什么很多女性看到一件漂亮衣服时往往迈不动脚步，最终银牙暗咬掏出荷包将它买下方才罢休呢？很简单，她们是为那件衣服的韵味或品位所吸引、所折服。这与很多男性看到一位漂亮的女性往往不由自主地多看几眼的道理如出一辙。面对千姿百款的时装，作为职业女性，究竟穿哪一款哪一式才能让她们显得更美丽动人、也更符合她们的职业氛围呢？鉴于时下女性工作领域的广泛性，我们显然不能笼统地去介绍哪一款女装绝对适合哪一类职业女性。我们只能客观地向女性朋友们介绍一些有关衣装意境和衣装韵味的基本知识，相信聪明的你一定会从中领悟到自己的心得，从而让自己更有魅力、更加迷人。

所谓衣装气韵，一般是指由服装的色彩、款型、质地和着装者的文化素养、精神气质、穿着方式、着装环境等多种因素在交流与统一中表现出来的一种由衣装意境、韵味组成的状态美。生活中，我们经常可以看到有的人无论穿什么样的名贵高档时装，总让人觉得俗不可耐，而有的人哪怕是穿再简单再平常的衣服，也总能展示出一种迷人的超凡脱俗的美。个中关键，就在于那些会买衣服的女性总是能把自己的文化素养、气质风度和对服装的选择、搭配以及由此产生的衣装气韵做一通盘的考虑，并精心地去研究，大胆地去尝试、去实践。而不会买衣服也不会配衣服的女人，则恰恰相反。

比如说，同样是一件旗袍，穿在某女士身上能透露出一种典雅、华贵的风韵，而在有的女士身上，给人的表现却是矫揉造作的媚俗。这是因为，作为前者，所具备的典型特质是端庄，而后者的气质中，更多的则是性感。所以，无论是买服装还是配服装，职场女性都应该综合考量自己的气质、体型、面容及工作性质、地点等因素。如果一件服装根本无法与自己的明显气质相融合，那么你最好还是放弃它。反之，如果明白了自己的气质特征，读懂了衣装的气韵，自然也不难找到能将自我装扮得更加美丽迷人的时装。

古人说："清水出芙蓉，天然去雕饰"，古今中外的无数美女，无一例外地证明了突出自然韵味是每个女性必须遵循的首要装扮原则，而要做到"用天然去雕饰自然"，首先要做的就是了解自己，找到自己的自然韵味。而且最重要的一点，你应该时刻记住自己才是衣装气韵的主角，而不是那些时装。要知道穿出个性的风采只是衣装文化成熟的一个方面，真正的衣装气韵的灵魂永远都应该是人。只有使自我的气质去支配合适的衣装，你才能更好地发挥出那种衣服和人珠联璧合的状态美。

再有就是服装在符合自己的气质的同时，还要符合自己的工作氛围。只有三者协调统一，才是达到职场女性构筑衣装气韵的最高境界。反之，缺一则不美。一般来说，色调沉稳的长装短裙、丝袜皮鞋，可以将大多数白领丽人包装得更加精干练达、气势夺人。如果是年龄稍大的职业女性，色调沉稳的套裙或者上衣加长裤，则是最为适合的职业装束。如果你不想被开除，或者因为你的装束而让人频频投以异样眼光，最好不要把自己打扮得像七彩孔雀一样。只有高雅大方的打扮，才是最适合职业女性的着装原则，即使对于某些美女来说，这样打扮有些"中庸"或低调，甚至埋没了她们的美丽。但是别忘了，对于职业女性而言，一切应该以工作为主，你的着装必须符合职场氛围。而且，精明干练的形象，同样是一种不可多得的美。

佩戴饰品也是增加女性衣装韵味的主要手段之一。比如佩戴不同形状的耳饰，可以让职业女性的面部或丰满、或协调、或动人、或时尚；佩戴胸花能够引人注目，给人以雅致新奇的美感；佩戴项链可以衬托或改善女性的脸形之美；手镯和戒指可以在一定程度上使女性纤细的手臂与手指显得更加秀丽；等等。总之，每一款饰品都可以增加女性的姿容之美，但前提是它们必须和你所选择的服装以及你的个人条件相得益彰。

当找到适合自己气质、品位的服装和饰品后，接下来要做的就是在这个风格的领域内精心地包装自己，在款式、质地、剪裁、颜色等细节问题上再下一番工夫，最终把它们披挂上阵，让更美丽的你被更多的人接受，开创更加辉煌的事业和人生。

白领着装巧搭配

很多获得了财务自由的白领丽人只要一有时间就去逛街，主要内容就是购买服装，即使她们的衣柜已经塞得满满当当，大多数人却总是觉得自己并没有几件满意的衣服。其实，"女人的衣柜中永远少一件新衣"，而且那些令你不太满意的衣服，又有哪一件不是你费尽心思买来的？你只要花点心思将它们重新排列组合一番，那些看起来平平常常的衣服就会变得神奇起来，以往令你烦恼的着装问题也将变得趣味盎然。

下面介绍几种衣装搭配方式，爱美的白领丽人们不妨一试。

1. 含蓄款式的搭配：正装 VS 休闲装

温润含蓄的白领女性既懂得尊重自己的职业，又善于制造轻松自然的工作氛围，她们对服装有一种异乎寻常的冷静认识，虽然看起来她们显得很低调，但她们的低调中却多了几分精心。她们的服装原则就是既要打破套装的沉闷，又要避开流行装的张扬。时间一长，周围的人就会发现，她们虽然不是职场中最耀眼的时髦人物，但她们的隽永和耐人寻味却总是给人一种让人不得不欣赏加赞赏的魔力。一般来说，比较含蓄的组合是一件休闲上衣，配上一条看上去很舒服的裙子或长裤，黑色无袖小礼服配上黑色或色彩柔和的开襟衫，也能让她们看起来既充满智慧又和蔼可亲，正所谓"愈低调愈奢华"。

2. 自由款式搭配：卡其裤 VS 套头衫

这里所说的"自由"，并不是无限度地随便，更不意味着放荡不羁，而是指那些简洁的能够最大程度地体现白领丽人天然之美的衣服。比如一条宽松的卡其裤，配上一件鸡心领的套头衫，或者一件纯棉衬衣加上一件

毛背心，都能让人觉得轻松又自在，随意又时髦，难得的是，这种自由款式还能将你的自信透露给身边的每一个人。

3. 贵族气款式搭配：套裙 VS 衬衣

贵族气的服装，首要的是面料华贵、裁剪精致。对于大多数白领丽人来说，西服领经典式套装和各种质感的衬衣是衣柜中的重要角色。拥有了它们，你就可以有无限多的搭配。如精练的白衬衣，华贵的丝质高领衬衣，内敛的麻质衬衣……无论哪一款，与挺括的外套相配都会带来令人惊艳的效果。不喜欢穿衬衣时，可以穿一件丝质吊带上衣，搭配上面料高档的及膝裙，再罩上腰部修身的外套，性感而又优雅，如能在颈间束上一方精致丝巾，效果更加精彩。这样的装扮，尤其适合于塑造气派、有修养的女性主管。如能饰以几件画龙点睛的首饰，无论是工作还是参加正式晚宴，都能最大限度地展示你的风采。

4. 女性化款式搭配：开襟针织毛衫 VS 长裙

女性化款式搭配的初衷是打造你的女人味。一般来说，针织服饰细腻的面料、柔软的触感和柔和的造型都能将你的柔美气质发挥得无以复加。如果针织服饰上面缀以同色系闪光亮片或绣花，还能在增添女人味的同时让你显得高雅华贵，再配上一款修身长裙，或在颈间绕上两道珍珠项链，女性的温婉可亲便扑面而来。这样的装扮，无论是在办公室，还是约见客户，都能让你更受欢迎。需要注意的是，白领女性不适合宽大的休闲毛衫，合身小巧的款式才是最佳的选择。

5. 休闲款式搭配：西裤 VS 衬衣

休闲装也能穿进职场？对！关键看你会不会搭配。西裤 VS 衬衣，这是很多白领丽人都曾经用过的增添魅力的绝招。因为笔挺的西裤看似古板，其实最具职业气息。修身的直筒裤或窄脚裤，不仅能最大限度地展示女性独立、干练的职业精神，还能最大限度地塑造白领丽人的美臀和修长美腿。西裤的最佳拍档，是白色或者深蓝色细格的棉质衬衫，如此着装，可以在塑造精明干练形象的同时，巧妙地将性感和清纯糅为一体。相对来说，这种穿衣风格更适合那些比较年轻的白领，尤其是那些刚刚跨入职场的女孩。

第二章

好口才，大智慧

语言是打开心锁的钥匙，能说会道的女人，能在最短时间内敲开对方的心扉，赢得别人的认可和喜欢。每一个女人，都应该具备这种把话说到对方心坎上的本领。从现在开始，你要学会让自己流露出独有的语音气息，让自己优雅的谈吐如春雨一般去滋润对方的心田。当你的说话本领变得愈加高超、愈加温润之际，幸福和成功的大门，早已在不经意间为你打开。

赞美之道

美国哲学家约翰·杜威说："人类本质里最深远的驱策力，就是希望具有重要性。"此话不假，作为一个正常人，每个人都渴望被认可、被肯定甚至被崇拜；当然也没有任何人愿意被他人藐视，每个人都希望获得他人的尊重，而赞美无疑可以使人们的自尊心得到极大的满足，进而使对方感觉到他是一个重要的人。所以，职场女性要学会一些基本的赞美技巧，并尽量在生活、工作中赞美身边的每一个人。

此外，赞美还是人际交往过程中不可或缺的解毒散，许多让我们尴尬甚至无可奈何的事情，都可用它来一一化解。不过在具体运用时，还要注意"到什么山唱什么歌"，用合适的钥匙开适合的锁。

1. 自我解围

任何人都会反感恶语，而不会拒绝赞美。自我解围即是指在说错话之后，巧妙地通过赞美让对方心生暖意，又令自己摆脱语误的赞美方式。

高高瘦瘦的于小姐新买了一件掐腰的短上衣，兴冲冲地邀女友蓝小姐品评。蓝小姐见她穿了新衣愈发骨感，甚至状如衣板，不禁脱口说道："这件衣服不太适合你。"于小姐立即拉着脸说道："怎么不适合，我觉着挺好的！"蓝小姐见状笑吟吟地说："像你这么苗条又修长的身材，应该穿一些宽松肥大长至膝下的衣服，那样就会显得神采飘逸。像我这种又矮又胖的人就穿不出那种气质来。"于小姐听罢顿时转怒为喜，并且安慰女友道："你也不太胖啦！"

2. 制止争吵

人与人相处，难免发生争吵。对此，我们必须避免针锋相对，更不能

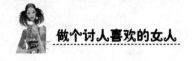

过分地数落和指责对方。此时只需使用调侃、幽默的赞美，即可浇灭对方的怒火。

张女士的老公虚荣心较强。有一次适逢一位好友结婚，老公想买一件高档的西装在宴会上"抖一抖"。当时正值夫妻二人闹"经济危机"，张女士怎么也不肯答应。老公非常生气，抱怨道："人家小杨和小金的爱人从来都不像你，管得也太紧了！再这样，以后不把工资交给你了！"张女士也不争辩，只是故作夸张地说："是吗？可你知道吗？他们穿得再好，也没有我的老公帅呀！他们如果有你这么帅，又何必费那么多包装费呢？你说是吗？"听了妻子幽默的赞语，老公不由得转怒为喜，一场争吵就此烟消云散。

3. 巧妙批评

如果说说话是一门学问、一门艺术的话，那么批评就是学问之上的学问、艺术之中的艺术。大家在生活中都有这样的体会，即有的人会说话，即使是对他人不利的话也会让人听着受用。关键就在于他们把自己的批评包含在了赞美之中。

最近一段时间，A商场时装专柜遭到很多顾客投诉——售货小姐服务态度恶劣。专柜主任考虑一番，找到那些售货小姐，称赞她们说："很多客人称赞大家服务亲切，希望今后继续努力。如果我们的业绩也像服务质量那么好时，我给大家发奖金。"这样一来，大家的态度大为改观，服务问题很快得到解决，销售业绩与日俱增。

4. 应对骄傲者

说实话谁也不喜欢高傲的人，但是很多时候，我们不得不和他们打交道。骄傲的人，大多看重自我形象，自我感觉良好。与他们打交道时，不妨对其业绩、学识、才能等给以实事求是的赞美，使其自尊心或者说是虚荣心得到满足，从而改变他们的态度。

某公司人事经理生性高傲，一般下属很难接近。有一次，一个新来的女下属由于工作需要不得不与其接触。她找到人事经理，一见面就微笑着对他说："我刚来时就听同事们说您是个爽快人，能力强、工作认真、关心下属……"还没说完，人事经理的脸上已经露出了笑容。接下去的事情自然是顺风顺水。

5. 摆脱异性纠缠

漂亮的职业女性总是会激起一些男人的非分之想。怎么才能使对方打消这种念头，而又不至于影响双方的关系呢？这时候我们可以用赞美把对方捧高捧红捧响，让对方在"盛名之下"不敢胡作非为。

戴芸相貌出众，在一家房地产公司负责销售策划。有一次，策划部经理悄悄邀请她说："小戴，晚上有时间吗？我们吃顿便饭，顺便给你交代一下工作。我明天紧急出差。"她不得不按时赴约。见面后不久，经理就露出了狐狸尾巴，情意绵绵起来。戴芸并不气恼，而是竭力向经理劝酒，滔滔不绝地赞扬经理有修养、有气质、有前途、负责任，还有一个令人羡慕的娇妻。经理听了又是尴尬又是得意，只得故作谦虚道："你过奖了，你也很好。"最后二人共舞一曲，各自回家。

必须注意的是，赞美他人时必须掌握尺度，如果不看对象，一味滥用溢美之词，非但不会起到好的作用，反而会引人反感。生活中这样的例子不在少数，比如说，一个女孩子原本相貌平平甚至有些丑陋，你却非说她"真是漂亮极了"，这与其说是在"赞美"对方，倒不如说是在讽刺他人。这时候，赞美对方时应该注意到"天生我材必有用"——即使再平凡的人，也有其优点。比如说，某些女孩子虽然脸蛋不漂亮，但身材好；身材也不好，但她的气质可能好；没有气质也没有关系，她可能有知识；没有知识的女孩，她还可能很温柔……总之，只要我们细心观察，我们肯定会找到对方的优点所在，当我们对他们的某些优点进行真诚地赞美时，相信人们尤其是没有明显优点的人听了之后一定会大为受用。

当然了，仅仅赞美一个人的外表，往往不能真正进入他人的心灵。如果能够发现对方的心灵之美并发出真心的赞美，那才是赞美的最高境界。人的外表、能力、地位等可能会由于种种原因有美丑、高低之别，但是人的心灵却与其相貌、能力等没有必然联系，其体现的往往

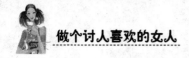

是一个人的品德。谚语说得好，人美在心灵，鸟美在羽毛。只有心灵的美，才是真正的美。所以，如果我们把赞美的目标转移到交际对象的心灵上面，我们也一定能够受到他人的欢迎。通常情况下，我们可以这样赞美他人：

"听说您每年都会捐很多钱给希望工程，您真是一个有爱心的人。"

"您都这么有身份了还自己开车，真是朴素啊。"

"以您的地位，居然没有属于自己的一辆车，真是老百姓的福气啊！"

"您是我见过最热心的人了！"

也许很多人认为赞美其实就是拍马屁，其实赞美并不等同于阿谀奉承，而是有着本质的区别。此外赞美也并非一定要赤裸裸地说出来，而且赞美的最高境界往往是不露声色的，比如李白的名句"生不愿封万户侯，但愿一识韩荆州"。

幽默达人

　　世事无常，人事更无常——即使我们在人际交往过程中再注重礼仪、再八面玲珑，我们也不可能做到尽善尽美。也因此，生活中随时随地都有可能发生一些令人尴尬的"意外"情况，影响我们与他人的正常交流和沟通。不过不必担心，因为这并不代表我们对于"尴尬"无能为力。通常情况下，只要恰到好处地运用"幽默"这一法宝，我们就能迅速地消除尴尬局面，进而给他人留下良好的印象，在轻松愉快中皆大欢喜。

　　那么，幽默到底是什么呢？"幽默"本是舶来品，中文的"幽默"，是由英文 humour 一词音译而来，而英文 humour 则来源于拉丁文的 humorr，其本义为"体液"。林语堂先生曾经在《论读书，论幽默》一文中这样阐释幽默："幽默有广义与狭义之分，在西文用法，常包括一切使人发笑的文字，连鄙俗的笑话在内……在狭义上，幽默是与郁剔、讥讽、揶揄区别的。这三四种风调，都含有笑的成分。不过笑本有苦笑、狂笑、淡笑、傻笑各种的不同，又笑之立意态度，也各有不同。有的是酸辣，有的是和缓，有的是鄙薄，有的是同情，有的是片语解颐，有的是基于整个人生观，有思想的寄托。最上乘的幽默，自然是表示'心灵的光辉与智慧的丰富'……各种风调之中，幽默最富于感情。"

　　也就是说，幽默是通过影射、讽喻、双关等修辞手法，在善意的微笑中，揭露生活中的讹谬和不通情理之处。俄国无产阶级革命家列宁也说："幽默是一种优美的、健康的品质。"事实证明，此话有一定的科学道理。科学研究表明，在正常人群中，拥有幽默感的人比缺乏幽默感的人相对长寿；在癌症患者当中，这一作用更加明显：与极具幽默感的患者相比，缺乏幽默感的患者，其死亡率要高出 70% 之多。可见，幽默不仅是一种令人

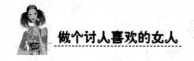

发笑且意味深长的情操，而且还是一个人内在品质的外在表现，更是一种最高境界的生活艺术。

生活中，我们不难发现有这样一类女性，她们天生丽质、品行端庄，但是过于严肃，太过一本正经，因此总让人感觉乏味，缺乏亲和力。她们的身边，根本没几个朋友。试想一下，如果不是迫不得已，有谁愿意老跟一个"半阴天"待在一起呢？与此相反，人们往往愿意结交那些富有幽默感的女性。相对于那些"正人君子"来说，她们的工作效率也不低，更重要的是，她们往往在不经意间给人们带来意外的惊喜，让大家在轻松工作的同时，保持一份快乐的心情。可以说，她们就是天生的笑星，她们走到哪里，欢乐也就散布到了哪里。有她们在的地方，消除尴尬局面向来是小菜一碟。

小丽是个快乐的农村姑娘，她在一家饭店工作。一天，一个顾客把她叫到自己桌前，怒气冲冲地对她说道："那边桌子上要的是烤鸡，我要的也是烤鸡，为什么他的比我的大很多？你们是不是有两种烤鸡？还是看人下菜碟？"

"噢！是这样的，先生，这只鸡前不久参加了减肥，这可是万里挑一啊。"小丽一边不慌不忙地说着，一边做了一个减肥的动作，逗得一边的顾客都笑了。

"是吗？这么说我还挺有福气的啊？哈哈……"顾客也被小丽的说辞逗得忍俊不禁，一场投诉就这样化解了。

正如小丽的经历一样，很多具有超强幽默感的人，他们往往不按常理说话，经常运用某些奇谈怪论或者干脆就是荒谬的论调，使对方猝不及防，一击"笑"倒。当然了，这也要看当时的情况，比如说那位顾客的烤鸡比别人的小了太多，那么即便小丽再过幽默，平息顾客的怒火肯定也有一定的难度。话说回来，我们还应该看到，即便幽默的语言不能完全化解顾客的抱怨，但最少可以先将顾客唬住，给自己找个台阶，然后再对顾客进行解释，或者给他换一只也未尝不可。所以说，想要修炼成一个幽默的女性，机智是必不可缺的。

除了能够化解尴尬之外，幽默还能最大程度地体现一个人的修养和风度。毋庸置疑，一个风趣幽默的女人，必定乐观向上、胸襟豁达。同样，一个怨天尤人、悲观厌世的女性，肯定与幽默无缘。因此我们说，幽默并不是天生的，它同样可以通过后天修炼获得，以下是一些培养幽默艺术的小技巧，女性朋友们不妨一试。

1. 巧用歇后语

歇后语也就是俗称的俏皮话，其内容虽不免庸俗，却多令人忍俊不禁，也不乏知识性，如果运用得当，往往能博得他人一笑。比如，我们可以用"阎王出告示——鬼话连篇"指出朋友所说纯属杜撰，也可用"天桥的把式——光说不练"指出他人不务实，虽然指出了他人的缺点，但是由于风格幽默，对方无疑会乐得接受。

2. 适当夸张

并不是只有诗人才能运用夸张，现实生活中，如果能够在话语中适当地夸张一下，也能引人发笑。比如在现实生活中，如果我们指出朋友的错误时，我们可以夸张地说："天啊，我终于找到比我更笨的人了？我们赶紧结为异性姐妹吧！"

3. 自贬引申

当我们不能说服对方时，不妨首先自贬，然后通过其他的方式把我们的意思表达出来，就能使对方在愉快中接受我们的观点。

麦克已经出版过两部小说，表妹安妮也喜欢文学，一天两人因为文学争论了起来。最后，麦克说："安妮，你根本不了解文学，如果可以你为什么不写一本小说出来？""我承认我写不出小说，但这不代表我不了解文学。你想想，虽然我没有生过鸡蛋，但是对于鸡蛋的味道，我却比母鸡知道得多。"一句话说完，两人都笑了。

当然幽默的技巧还有很多，想成为一个"幽默达人"，也不是一朝一夕可以练就的，只有在日常生活中处处留心，经常向幽默高手学习、互动，你才有可能成为一个"笑星"级女性。那样的话，你也一定能赢得更多人的喜欢。

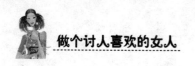

把话说到心坎里

　　"酒逢知己千杯少，话不投机半句多"，事实证明，很多人能够成为朋友乃至生死至交，往往源于共同的爱好或志趣，而且双方往往是一谈之下，遂成知音；同样，很多人虽然都是同道中人，却由于爱好相左、性情相悖，不仅很难成为朋友，甚至会恶语相向，大打出手，到头来工作、生活都大受影响。可见，共同的话题是促成双方有效沟通的首要前提。换言之，聪明的女性要学会在交流过程中引入对方感兴趣的话题，投其所好，从而得到他人的认可，进而赢得对方的好感。

　　对于言辞技巧的重要性与现实意义，春秋时期的鬼谷子曾经在其著述中有过精辟的阐释："与智慧超群的人说话，凭借的是广博的见闻；与见多识广的人说话，凭借的是精辟的辨析能力；与善辩的人说话，则应该简明扼要；与大人物说话，要用奇妙的事情吸引他的注意力；与臣子说话，就要用好处来说服他；别人不愿意做的事情，绝对不能勉强；对方喜欢的事情，就应该投其所好；对方讨厌的事情，就避免谈论它。"在此之前，孔子也曾经发出过"言不顺，则事不成"的慨叹。可见，投其所好对于人际交往乃至成就事业的重要意义，自古就被世人所知悉。古往今来，靠着投其所好成功的人可谓数不胜数，反之，由于不善于投其所好，很多人也因此功败垂成，甚至身败名裂。

　　当然了，投其所好还是应该遵循做人的原则。如果为了赢得别人的好感就不顾原则地乱说他人的坏话，或者随意败坏他人的名声，这不仅对我们的人脉建设无益，反而会严重影响我们的形象，甚至因此引起对方的反感，偷鸡不成反蚀一把米。

　　在现实生活中，与人交谈投其所好也远远不像政治斗争那样凶险，但是其效力却不因环境的变化而有所逊色，只要我们能够灵活运用，对于赢得人脉、成就事业来说，同样屡试不爽。

梅女士是一家金融销售公司的业务员，她的工作业绩可谓有目共睹。新的工作年度开始后，她被提拔成为业务经理。经常有下属向她请教如何与客户沟通，并问她是不是有什么秘诀。对此，梅女士从不讳言："其实，我也没什么秘诀，只不过我与客户沟通时，往往会选择她们感兴趣的话题，尤其是女性客户，由于有着相对较多的共同语言，只要是真心想购买公司产品，一般情况下，都能轻松拿下。比如说面对主妇吧，我总是先说起女同志的共同话题——养育孩子，在这一方面，一般的女同志都有兴趣，一说起来就没完没了，而且越说越起劲。慢慢地，我就把话题转到了抚养孩子不容易上面，比如说学杂费太贵啦，好学校难上啦，孩子不听话太淘气啦，等等……当引起了对方的同感之后，我立即就把话题转到了自己身上，跟她们大倒苦水：'我要是嫁个有钱的老公就好了，就不用又带孩子又工作，真是一言难尽啊！'这样一来，双方就会产生太多的共鸣，只要对方是诚心购买，一般都会掏钱了事。"

不过投其所好也不是说说那么简单，要想真正做到投其所好，除了不断丰富自己各方面的知识外，还必须掌握以下技巧和要领，从而保证我们在与他人交流时，可以随时随地引入对方感兴趣的话题，做到"全天候"投其所好。

1. 紧跟潮流、能说会听

对于初次见面者，如果找不到合适的话题，无疑会使双方感到尴尬，这时候，选择时下的潮流话题或大众普遍关心的话题，无疑是化解双方尴尬、拉近彼此距离的有效方法。当然了，即使我们对这些事情知道得再多，见解再独到，也不能说个不停，更多的时候，我们还是应该做个高明的听众，给人以谦虚和沉稳的形象。

2. 优上加优、锦上添花

这里所说的优点，是以对方为中心的某些令人感兴趣的话题，最好是对方的优点或引以为傲的东西，如对方的相貌、知识、家庭、服饰、技艺

等，只要你善于发现，并恰到好处地表达出你的赞美，往往能够取得意外的效果。

3. 投石问路、有的放矢

有的时候，由于不了解他人的喜好，难免会有难以启齿的感觉，这时候，投石问路不失为一种好方法，既可以使人感觉到你的尊重，又能明了对方的兴趣所在。通常情况下，可以先抛出一枚"小石子"，如了解了具体情况时再适当发挥。比如在朋友聚会时看到陌生人时，可以先问他："以前没见过您，您是主人的老乡吧?"通常情况下，人们都会回答，并且会礼貌地回问，三言两语之后，双方的陌生感便大大降低，甚至一扫而光，接下来的事情就顺理成章了。当然了，如果运用不当，这样问话会给人造成"查户口"的印象，引人反感，因此应掌握其深度。

争论切忌伤和气

正所谓"能与语者无二三"，在人际交往过程中，任何人都无可避免地会遇到与自己观点相左的人，大到世界观、人生观、做人原则，小到一言一行、一颦一笑等，通常情况下，人们都会对此发表自己的看法，并且对相异的观点做出自卫或者反击，于是双方就产生了争论。可以肯定地说，争论对于认识事物的真相至关重要，但是争论却往往给争论双方的人际关系带来负面影响，既不利于沟通，也无助于事情的解决。所以，聪明的女性遇到类似情况一定要避开争论。

不过，想要绝对地避免争论也不现实。这时候，我们就要学会并运用争论而不伤和气的说话技巧。事实证明，只要能够保证对方的自尊不受伤害，争取人和，争论不仅不会对双方关系造成负面影响，而且还有助于双方友谊的进一步加深。反之，与人争论时唇枪舌剑，不把对方说得哑口无言誓不罢休的女人，即使能够赢得口头上的胜利，却浪费了时间、精力，影响了原本和谐的人际关系，可谓得不偿失。所以说，丰富的知识和过人的口才能够为我们的工作、生活提供有力的保障不假，但是总是与别人进行无谓而且缺乏技巧的争论，这些优点反而会成为我们的障碍。

当然了，有些时候、有些事情由不得我们不争论，但即便如此，我们也应该尽量做到"不露声色"。那些能够懂得其中奥妙并恰当运用的女性，无疑是最聪明的女性。

"您真有眼光，下次再来！"在摊主的恭维声中，手拎大包小包的王女士向商场门口走去。但是还没走出十米，她就发疯似的冲回了那个小摊前——她的钱包不翼而飞了——而且就在她临走之际，她还打开钱包付过钱。只有一个可能，那就是自己刚才只顾了提衣服，而把钱包落在了衣服堆里。最重要的是，钱包里还有王女士没来得及上交的8000元的支票！

"姑娘，你有没有看见我的钱包？"王女士问道。

"没有。"

看到王女士十分不信任的眼光，那姑娘不高兴地说道："怎么，你怀疑我拿了？那你报警啊！"

王女士一听就明白了，钱包肯定在这儿——自己又没说她拿了，只是问一下，她就急了，这不是明摆着"此地无银三百两"吗？但是王女士又一想，自己一个人来的，自己一转身，对方来个乾坤大挪移，那不就坏了吗？为今之计，只能跟她来"软"的。于是王女士说道："不是不是，像您这样既有素质又不缺那俩钱的人怎么会拿人的钱包呢？我估计是刚才忙中出错，掉到了衣服堆里。"说完，王女士找了个凳子坐下，摆出了一副不拿出钱包不走人的态度，接着说道："您就帮我找找吧！您看这人来人往的，即使不是你拿的，我要一嚷嚷，人们可是怎么想的都有，您这么大的买卖可就损失大了。"那姑娘虽然并没说话，但是脸色却很不自然。

王女士一看有戏，赶紧趁热打铁道："那里边的支票是我们公司的货款，这要丢了我可怎么赔呀！您就帮我仔细找找吧。"

"我给你找找看。"那姑娘终于被"感动"了，开始假装翻摊子上的衣服，王女士见此，一边连声说着谢谢，一边把头偏到了一边。

果然，一分钟后，经过一番折腾，那姑娘从衣服堆里"找"出了王女士的钱包，羞答答地递还给王女士。

上面的例子充分印证了争论不能伤和气的重要性——如果王女士上去就指责对方偷了钱包，并与对方大吵大闹，那么那位姑娘肯定不会把钱包拿出来，谁愿意大庭广众之下被曝光呢？而且还是个为人不耻的小偷。王女士妙就妙在并不与对方争论，而是把"丢"钱包的责任都揽到了自己头上，并且不断地为对方提供台阶，留足了后路，即钱包不是对方拿的，是自己丢的，只求对方帮自己找找，最终不仅使自己的钱包失而复得，而且最大程度地挽回了一个失足青年的面子，真可谓以柔克刚，以退为进。可见，即便是争论，也有其原则和技巧所在。下面介绍一些与人争论时应该遵循的原则，遇到类似情况时，女性朋友要根据具体情况恰当运用：

1. 尽量避免争论

有位管理大师说得好，最好的管理是不管理；同样，最好的争论也就是不争论。有道是事实胜于雄辩，很多时候群众的眼光还是雪亮的。对于我们的形象无伤大雅者，我们可以一笑了之，即使对方想要与你争论，也找不到机会。同样，我们在与人交流时，应该尽量做好一个听众，即便对方所谈有误，只要不影响工作或学习，我们也大可不必深究，以免自找麻烦。

2. 承认自己的不足

有争论就有失败，而且人人都在所难免，这时候如果拒不认输，不仅于事无补，而且还会被人认为输不起，没有风度。因此，在事实面前，我们应该坦然地接受自己的失败，并找出自己的不足之处，这对于我们的素质修炼来说未尝不是一件好事。

3. 照顾对方的面子

通常情况下，没有必要非得置对方于死地。如果对方败势已定，我们就应该适时收手，道一声承让，对于那些诚恳认输者更应如此，否则的话不仅会使对方下不来台，甚至会激起对方的斗志，反唇相讥、口不择言，最终两败俱伤。

说"No"的技巧

人际交往中总会遇到亲戚、朋友或同事求我们帮忙的情况。如果能够办到，应该尽最大的努力去办；但是当对方提出的要求有些过分，不是我们个人力所能及时，就应该予以拒绝。对我们来说，这是很难为情的事情。而对求助者来说，尤其是当对方的心胸并不豁达时，他们的潜意识里往往会产生"以牙还牙"的想法，甚至会怀恨在心。

也因此，在遭遇这种情况时，有些女性出于理智考虑想要拒绝对方，可"不"字却难以出口；有些女性拒绝方式过于生硬，结果使多年的朋友都疏远了；有的女性明知办不到也不忍拒绝别人，勉为其难，无形中增加了自己的压力和心理负担，结果不仅事情没办成，费力不讨好，无形中还损害了自己的声誉和形象。可见，拒绝他人实在是交际中不容忽视的重点。让我们来看看说话高手们是怎么处理类似情况的吧。

崔雯，35岁，目前是北京一家房地产公司的副总，主管基建工程。在公司里，这可是个肥缺——为了争得一个工程，很多建筑公司往往一掷千金，贿赂当权者。说良心话，崔雯也爱财，也缺财，但是她做人有原则。因此，对于财物她一概不收。

一天，一个新认识的建筑公司负责人刘总约崔雯吃顿便饭，崔雯不好拒绝，便应约而去。三杯过后，刘总开始言归正传，只见他从提包里拿出一条"大熊猫"香烟塞到崔雯手里，口里说道："崔总，听说您也喜欢抽烟，给您买了一条便宜烟，以后还得您多多照顾啊。"

崔雯明白，这香烟里肯定有鬼，因此，她把香烟塞回去说："刘总，你又何必客气呢？这话都不用说，大家是合作关系嘛！"

刘总见崔雯拒绝，又拿起香烟塞过去说："抽我一包烟，应该没有原则问题吧。"

"这样吧，刘总，你也知道公司有规定。我们打开看看，如果真是香烟的话，我就收下。如果是别的呢，还请完璧归赵吧，您赚点钱也不容易呀。"见刘总执迷不悟，崔雯只好把话说破了。

"那我就不强人所难了，像您这样的人，现在已经可以说是绝无仅有了。"刘总有点失落地说。

"其实我们公司的原则您是知道的，只要您的公司有实力，我们的工程肯定跑不了您的。"崔雯安慰了刘总几句之后，就借故离开了。

让刘总没有想到的是，崔雯居然会信守承诺，将公司的一个工程发给了刘总，工程完毕后，刘总又要表示，但还是被崔雯所拒。刘总非常佩服崔雯的为人，逢人便说崔雯如何清廉，消息传到董事长耳朵里，崔雯再次高升，顺理成章地成了公司二把手。

有句俗话叫"拿了人家的手软，吃了人家的嘴软"，一旦你没能抵挡住诱惑，接下来的事情就由不得你了。一旦东窗事发，背上言而无信的恶劣名声，甚至被炒鱿鱼，那就悔之晚矣了。如果触犯了法律，无疑还要受到相应的制裁。所以在原则面前，有些问题必须予以拒绝。那么，相对于普通人来说，我们又应该如何拒绝呢？

通常情况下，在拒绝他人时，我们首先应掌握以下原则。

1. 照顾对方的自尊心

每个人都有自尊心，当人们向他人求助时，或多或少都会有不安的心理，对于他人的求助，如果一上来就说"不行"，势必会伤害其自尊心，引起他人反感甚至忌恨，影响双方交往。所以，当他人提出请求时，我们最好先说一些关心或者同情的话，然后再说明自己不能相帮的原因，这样的话，可以赢得对方的理解，使其知难而退。

2. 说话方式要委婉

即使我们真的爱莫能助，也应该以委婉的方式拒绝他人，而不应该态度生硬甚至冷淡。否则不仅会让对方很失落，而且还会滋生不满情绪，甚

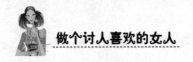

至因此怀恨在心。所以，在拒绝他人时，说话方式应该尽量委婉，语气要尽量和缓，尽量使对方感觉到我们的拒绝是出于无奈，我们对于爱莫能助同样感到很遗憾。

3. 态度一定要诚恳

不管怎么说，拒绝他人的请求总是令人不快。艺术化地拒绝对方，也无非是想减轻对方的失落情绪。因此，在拒绝他人时一定态度诚恳，否则对方还会对我们产生幸灾乐祸的感觉，接下来的双方关系可想而知。

4. 拒绝一定要明确

如果我们确实不能相助，那么就应该立即拒绝对方，以便使对方有足够的时间另谋出路。而似是而非的拒绝、无缘无故的拖拉、答应了别人又反悔，都会使别人原本不安的心情加剧，如果最后帮到了别人还好，如果因此给对方造成了影响，对方无疑会对我们非常失望。

当然了，掌握了拒绝的基本原则，只能说是初通皮毛。要想成为一个拒绝高手，我们还必须掌握一些有关拒绝的技巧，尤其是语言技巧，以便在拒绝他人时活学活用，最大程度地减少相应的负面影响。

通常情况下，拒绝他人的语言技巧有直接拒绝、婉言拒绝、沉默拒绝、回避拒绝等方式，我们在运用过程中应根据实际情况灵活掌握，只要我们使用恰当，定能收到"鱼与熊掌兼得"的效果。

1. 直接拒绝

所谓直接拒绝，也就是把拒绝的意思当场讲明。上文中的崔雯就是运用的直接拒绝，使得刘总无话可说。需要注意的是，使用直接拒绝法时，必须避免态度生硬，说话应委婉，尽量使人接受。通常情况下，直接拒绝他人时，应说明拒绝的理由。如果有必要，还应该向对方表达自己的谢意，表示自己并非不通情理，以便使对方知难而退，乐得接受。

2. 婉言拒绝

在所有类型的拒绝方式中，婉言拒绝最容易被人接受，因为它可以在最大程度上照顾对方的尊严。对方如果识趣，一定会知难而退。比如一位男士送一件衣服给心仪的女孩，如果女孩想拒绝对方，可以说："挺漂亮的，不过我男朋友刚送了我一件，你还是送给你女朋友吧。"这么一来，既暗示了自己已经"名花有主"，又不使对方颜面扫地，二人成为朋友的机会还是很有可能的。但是如果女孩对男士说"癞蛤蟆想吃天鹅肉"一类的伤人话，无疑会惹得该男士火起，爱慕变成仇视。

3. 沉默拒绝

对于一些很让人为难、超出自己能力之外甚至带有挑衅、侮辱等意味的请求或要求时，我们不妨采取以静制动的方式，即不接受，也不反对，表达自己无可奉告、不能接受之意，对方如果识趣，定然会做出退步。需要注意的是，使用这种拒绝方式通常需要眼神等辅助动作，借以表达自己的怒火，使对方盟生退意。

4. 回避拒绝

对于一些很难开口的拒绝，我们除了可以采取沉默拒绝法以外，还可以运用故意回避或曲解的方式予以拒绝，也就是故意装傻。此外，这种拒绝方式还适用于爱玩"花招"的人，可以使其有苦难言。

有一次，一位贵妇邀请音乐家帕格尼尼第二天到家中喝茶。鉴于当时人多，为了给她面子，帕格尼尼欣然接受了邀请。谁知贵妇得意忘形，紧接着补充道："明天您来的时候，请千万不要忘了带上您的提琴!""这是为什么呀?"帕格尼尼故作吃惊地说，"夫人，您是知道的，我的提琴从不喝茶。"

总之，拒绝他人不一定意味着失去朋友，只要掌握了其中的技巧，并遵循其原则恰当运用，你也一定会成为一个善于说"No"的聪明女人。

巧妙"兜圈子"

日常生活中，那些说话、办事心直口快的女人，往往是真诚的，也是受人欢迎的。不过在某些时候，这样做的效果并不佳，往往是既达不到交际的初衷，又损害了人际关系的和谐。这时候，有意绕开中心话题和基本意图，采用外围战术，从相关的事物、道理谈起，也即人们常说的"兜圈子"，却往往能达到较为理想的效果。

正如著名语言学家王力先生所说："要想正确地运用'兜圈子'这门艺术，首先要善于分辨言语交际的具体情况，唯有如此，才能做到当兜则兜，一兜即中。"换言之，在不应该"兜圈子"的时候，还是直说为好。一般来说，遇到以下几种情况，可以考虑"兜圈子"。

（1）出于礼仪考虑，有些话不便直说时，可以"兜圈子"。中国是众所周知的"礼仪之邦"，加上汉语的博大精深，在言语交际过程中，人们习惯于将话语说得更加适切、得体一些。比如在私人场合，与知己朋友说话时，可以直来直去，即使说错了，也无伤大雅。但在公共场合，和关系一般的人交谈时，特别是在晚辈对长辈、下级对上级、接待外宾时，说话时就要特别讲究方式和分寸。此时为不失礼仪，说话时就常需兜圈子。

（2）出于情面考虑，有些话不便直说时，可以"兜圈子"。比如婆媳之间、恋人之间、两亲家之间交往时，双方都比较谨慎、敏感，言语中稍有差错，都会带来不快，甚至产生误解、造成矛盾。这时候，"兜圈子"可以最大限度地达到人们的目的，但又不伤情面，可谓两全其美。

（3）在双方情绪、思想极不一致，难以进行交际时，说服对方时也宜"兜圈子"。具体运用时要想方设法与之接触，交谈时则要注意曲径通幽的妙用。历史上有很多经典，比如人们熟知的"触龙说赵太后"、"晏子说齐景公"等等。

（4）如果已经估计到对方听到我们的观点难以接受，此时也不宜直接挑明，否则一旦对方明确表示不同意，再想改变对方的态度，缓和场上的气氛，就困难得多了。这时，你不妨先把那些基本观点和结论性的话藏在一边，转而从相关的事物、道理、情感兜过来。待到事理通畅、明白时，再稍加点拨，一般能够化难为易，达到说服对方的目的。

了解了"兜圈子"的适用范围之后，我们还要了解一些"兜圈子"的常用方法和技巧，通常情况下，主要有以下几种方法。

1. 因果法

所谓因果法，就是从促使对方接受观点、产生行为的诸种原因兜起。类似的原因可以是事实，也可以是理论。

陈毅元帅任上海市长期间，干部实行供给制，为了不给国家增添负担，陈毅想劝岳父回老家。为了避免被老人家误解，陈毅就绕了个弯先问老人家"是共产党还是国民党好"，老人当即表示国民党任人唯亲，一人得道、鸡犬升天，等等，这时陈毅说："说得好，所以国民党要倒台……那么您喜欢不喜欢您的女婿也像国民党那样倒台呢？"老人一听，立刻明白了个中含义，当即决定回老家去。

2. 推论法

推论法是指从与交际目的相关的事物兜起，让对方自己由此及彼，或由表及里推断出新的结论。

秀玫是一位年轻媳妇，某日忽然见到小姑穿了一件崭新的羊毛衫，心想肯定是婆婆买的，便故意高声对小姑说："嗬，从哪买来的羊毛衫，真漂亮！"婆婆在一旁听到了，赶紧答话："就在对面商场，刚到的货，我先买一件，让你们穿上看看，要是看中了，下午再买，你俩一人一件。"

在上面的例子中，秀玫称赞小姑的羊毛衫，婆婆听到后就会产生这样的思考：儿媳夸女儿的羊毛衫，就是自己也想要一件；儿媳也是自己家里人，应该同女儿一样看待，既然给女儿买了，也应该给儿媳买，这是事理常情。所以聪明的秀玫，圈子一兜就得到了羊毛衫。

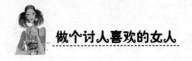

3. 比照法

比照法也即寻找到与交际话题具有类比意义的事物兜圈子，两相比照，让语义更加明晰，从而达到说服他人的目的。

清朝时有个叫谭瑄的人在某富翁府中教书，由于这家主人喜欢音乐，因此府中乐师的饭菜要好过教师。谭瑄对此非常愤恨，他的朋友朱彝尊知道后写信劝他说"君子要以类族来分辨事物，物各有族，对于人来说，也要以类来分辨。君子必须了解自己的地位。比如：娶妻送彩礼，只需要布匹袭衣即可，而买妾就要上百两银子，而赎官妓则要数千两银子。可见品流越低下，价值就越高。再说饭菜的丰盛与否，就好比拿鱼喂猫，拿肉喂狗，对于您老兄来说，这又有什么损害呢？"谭瑄读后释然。

4. 双关法

双关法即是寻找与中心话题相关的具有双重内涵的事物兜圈子，所谓醉翁之意不在酒，说的就是这个意思。

一对青年男女暗自爱慕，但小伙子为人内向，羞于直接表白，姑娘亦暗自着急。一天，二人在路边"巧遇"，姑娘灵机一动，指着路边飞舞的蝴蝶问小伙子："你说为什么只有蝴蝶恋花，没有花追蝴蝶呢？"小伙子一时发懵，问道："花怎么能追蝴蝶呢？"但看到对方的眼神，转瞬即明白了对方的意思，也坦率地表达对姑娘的爱慕之情。

5. 情感投资法

情感投资法适用于交际话题一时难以被对方接受时。这种情况下，可根据对方的思想、兴趣、职业等特点，先从基本话题之外的副话题兜起，待到言路畅通时，再自然而然地引入本题。

需要说明的是，兜圈子绝不等同于猜谜语、说隐语，它是曲径通幽的说话方式，最终目的是要让对方理解自己的意思，如果兜来兜去，把对方引入迷魂阵，或者兜得太远，让对方根本不知道我们要说什么，反而浪费时间，甚至给对方留下啰嗦、虚伪的印象。所以，在具体运用时，女性朋友们一定要谨慎把握。

批评他人"点到为止"

对于那些已经处于领导阶层的女性们来说，工作中，由于工作需要对下属或他人给予指点或批评在所难免。虽然批评对人际交往而言有百害而无一利，但是这却是无可回避的。说到此类事情，女领导们总是大发感慨，诸如"这得罪人的活真不好干"等等。但是我们必须明白，及时、适当的批评，不仅有助于工作的顺利完成，而且对于被批评者的素质修炼也有着无可替代的作用，即使是对于双方进一步交往来说，也并非毫无益处。不过，其前提是必须会批评，也就是掌握批评的要领和禁忌。

如果说说话是一门学问、一门艺术的话，那么批评就是学问之上的学问、艺术之中的艺术。大家在生活中都有这样的体会，即有的人会说话，即使是对他人不利的话也会让人听着受用；有的人不会说话，即便是表扬别人，别人也会听着难受甚至反感。尤其是批评他人时，由于往往涉及到他人的缺点或不足之处，因此，批评的方式恰当与否就显得更加重要。古往今来，很多人之所以赢得人脉，进而成就一番事业，受到人们的尊敬，就在于他们掌握了说话的技巧，尤其是在批评他人时巧妙恰当，既达到了目的，又使人易于接受。通常情况下，在批评他人时，女性朋友们需要遵循以下原则。

1. 态度应温和

常言道，忠言逆耳，良药苦口。对于被批评者而言，即使你的批评再过中肯，无疑也会使其自尊心大大受挫，尤其是一些女领导在批评时不讲究方式方法，往往导致被批评者反感甚至无名火起，不仅对于工作没有帮助，反而影响了工作。因此，在批评他人时，首先应该态度温和，尽量在不伤害对方自尊心的前提下做出适当的批评。否则，只会让对方难以接受，得不偿失。同样，当你做到了这一点，你也一定会赢得对方的理解。

小张（男）和小王（女）是北京市某区的城管队员。有一天，二人在巡逻时遇到了一群无照经营者。小张冲上前去抓住了一位卖煮玉米的妇女，厉声呵斥，并令其交纳罚金。谁知那人刚出摊不久，还没卖钱就被抓，心里正有气，再加上小张的呵斥太过严厉，她一气之下索性躺在地上撒起泼来，弄得小张好不尴尬，围观的群众也是连连摇头。没办法，小张只好示意小王上前解围，小王走上前去，对那位妇女说道："大姐，您赶快起来吧，我们也知道你们不容易，但是你们这样做确实影响了交通，您看您在这躺着，如果让您的亲朋好友看见了多不好啊！您要是办个照不是挺好吗？"一席话说得那个妇女有点不好意思起来，她爬起来拍拍衣服上的土说道："你这个同志还行，要都像你这样，我也不想躺在地上，他太欺负人了。其实我早就想办照了。"说罢"痛快"地交了罚款，旁边的人见事情圆满解决了，也纷纷散去。

2. 方式宜间接

在批评他人时，如果不是万不得已，最好不要采用直接批评的方式，尤其是对于一些脸皮薄的人，批评时最好选择拐弯抹角的方式，使其易于接受。

张玲是某学校初中三年级的班主任，一次，她听说学生小梅要举办豪华的生日宴会，于是把她叫到自己的办公室问道："小梅，你的生日派对准备得怎么样了？"小梅不无得意地说："家里都给我准备好了，准备好好地办一场。您知道我是独生子女，所以爸爸妈妈非常疼我。""哦，据我所知，咱们班就只有我不是独生子女。"小梅终于听出了张老师的言外之意，于是她说道："老师，我今天回去就告诉爸爸妈妈尽量办得简洁一些，到时候请老师赏光！"

3. 看待问题应客观

"金无足赤，人无完人"，任何人都不可能做到尽善尽美，某些缺点更是人们无法克服的。但是"天生我材必有用"，每个人也都有其优点。如果在批评他人时，能够客观地看待其错误，肯定他人的优点，并告诉对方其实他们也很优秀，但是如果他们能够改正某些缺点的话他们会变得更加优秀，无疑会最大程度地保护他人的自尊心，赢得他人的尊敬，并达到我们的最终目的，真可谓一石三鸟。

4. 不要翻老账

现实生活中，有些人批评人时，为了证明自己的观点是正确的，喜欢翻陈年旧账，把对方过去的错误甚至不足之处一股脑地翻出来，事实上，这样做往往令对方难以接受甚至恼羞成怒，最终导致双方不欢而散。

首先，我们应该看到，对于任何一个人来说，错误都是在所难免的，更何况曾经的错误只能代表对方的过去，而现在时过境迁，对方不仅会认为你的批评不是实事求是，而且会认为你是有意责难，无疑会对你的批评产生抵触情绪。

其次，在批评他人时翻老账，尤其是一些犯过某些关乎人格错误的人，往往会使对方造成你对他的过去耿耿于怀，不肯原谅他的想法，极易使对方产生怨恨心理。

此外，曾经的错误或过失往往是一个人的遗憾或伤痛，而揭开他人伤疤不仅是对人不尊重的表现，而且很容易招致对方的强烈不满，进而影响双方关系。因此，在批评他人时，应该尽量避免翻老账。

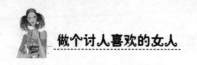

会说的不如会听的

有人说，办公室就是功利社会的缩影。此话虽有失偏颇，但也有一定的道理——同事之间，乃至下属与上司之间既是朝夕相处的合作伙伴，又是随时都有可能被影响到的竞争对手。关系搞好了，能互相帮助，相安无事，甚至取得双赢。关系不好时，轻则影响人际关系，重则影响个人的工作和前途，乃至企业的效益和发展。

那么，职业女性怎样做才能在危机四伏的办公室里与同事和上司和平共处，进而避免相关负面影响呢？一般说来，只需学会并做到倾听，在办公室里左右逢源并不是很难。具体说来包括以下两方面。

1. 君子动耳不动口

那些没完了、絮絮叨叨地大说毫无意义的闲话的同事，的确惹人反感，让人头痛。但是大家都是低头不见抬头见的同事，而你又是君子，所以即使他那无聊的闲话让你再痛苦，你也应该再忍一下，难得糊涂一把，必要时还应该找机会赞美他几句，以示对他的尊重。还有些同事喜欢自吹自擂，无论什么事情，只要是他自鸣得意的，肯定是说起来没完没了。对此，我们可以找机会利用自己的优势去击碎他们的夸夸其谈，让他明白原来别人也很厉害，下次见面时他自然就会有所收敛。比如当他对你大谈他的网球技艺时，你不如顺势说："哎呀！真想不到你的球艺这么厉害。我也喜欢打网球，不过打得不好，改天向你讨教几招。"到时候你一展所长，让他明白天外有天，人外有人，那么即使他旧习不改，但是至少在你面前，他会收敛很多。

2. 朋友的心，你要听听

办公室里，向别人倾诉、要别人倾听的，并不全是那种絮絮叨叨的同事。其中还有和我们关系很好，把我们当作朋友的同事。我们的倾听，能使他们心中充满阳光和爱意，从而有益于双方的友谊。

如果你的同事加朋友是一个内向的人，当他突然向我们倾诉，我们应该引起重视。因为这种人平素沉默寡言，喜怒不形于色，烦恼和快乐都压在心底。表面看来，他们非常单纯沉静，但他们的内心，却非常复杂。你要明白，一旦他找到宣泄的机会，他的情感释放会非常激烈。他把你当作倾诉对象，一定是经过认真选择的。也就是说，当他向你倾诉时，这本身就证明在他的心目中，你的地位非同一般。在这种情况下，即使我们有可能听不懂他的真实意图，也应该耐心地听下去，千万不要打断他。因为此时的他，所要宣泄的情感，远远比所要表达的内容更重要。

比如，当他握着拳头在我们面前怒吼"我真想把主管一拳打死"时，我们不必去明白主管怎么惹了他，只需轻轻点头表示同意，他就会对我们非常感激，即使他不说出来。因为我们的倾听，已经分担了他的痛苦。是我们的倾听，满足了他宣泄情感的欲望，帮他重新找回了自信。当然如果他的情绪异常激动时，作为朋友，我们切不可火上浇油，还必须阻拦他，劝说他，以免他因为一时之气铸成大错。

更重要的是，倾听还是我们赢得人脉进而赢得成功的必要前提。古今中外，很多善于倾听的人，都借此拥有了非凡的人脉，从而为自己的事业发展获得了源源不断的推动力——齐桓公不善倾听，就没有春秋霸业；唐太宗不善倾听，就没有贞观之治；蒲松龄不会倾听，就没有《聊斋志异》的问世。同样，不善倾听者，如袁绍、吕布等一时枭雄，其下场只能是含恨而终。可见，对于一个人的事业成败来说，倾听是多么的重要。

哲人曾经说过：造物主给了我们两只耳朵一张嘴，就是要我们多听少说。况且，嘴还有另外的功用——吃饭，而耳朵只用于聆听，所以我们更要少说多听。专家研究也发现，通常情况下，人际交往的成败，并不在于我们说话的时间长短，而在于我们应该说什么。也就是说，人际交往的失败往往是由于我们说话失误引起的。而说话的失误，却往往是由于我们听得太少或者不会倾听。比如，当别人还没有说完的时候，我们就急忙发表自己的意见，结果往往与事实相左；与别人说话时，我们心不在焉，以至

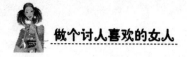

于没有听出别人的言下之意；别人犯错误时，我们不给人解释的机会，一味指责；等等。可以肯定地说，没有谁会愿意跟这样的人交谈，当然也没有人愿跟这样的人做朋友。

此外，倾听还可以帮助他人减轻心理压力。相信大家都有这样的体会，每当我们遭遇逆境时，总是会有找个朋友一吐为快的想法。科学研究证明，对于焦虑、失望、难过等心情，认真、有效的倾听往往能够在不经意间起到有效缓解的作用。美国内战初期，当时的总统林肯曾陷入危机四伏的境地，他的心情自然沉重无比。于是，他找来了他的老朋友，向他倾诉自己的心事。当老朋友离开时，林肯的心情已经舒畅多了。因此，当有朋友来找我们倾诉时，我们一定不要拒绝，否则我们很可能会与好友产生隔阂。相反，如果我们能够认真地倾听朋友的心事，并尽力帮助他们，那么彼此之间的感情无疑会更上一层楼。

那么，倾听是不是就意味着坐在那里听对方说个不停呢？答案无疑是否定的。俗话说："会说的不如会听的"，这里的"会"字，就表示倾听也有技巧。而实际上，听不仅需要技巧，更是一种比说还要高深的学问。通常情况下，要想成为一个好的听众，必须掌握以下"听"的要领。

1. 专心致志

听人说话时，必须全神贯注、专心致志，只有这样，我们才能够紧跟对方的思想，发现对方的真实想法，从而在交流时做到有的放矢，引起共鸣。同样，心不在焉、东张西望的聆听不仅是对他人的不尊重，而且很容易使我们漏掉某些内容，从而造成双方沟通障碍，甚至引起他人反感，从而影响双方的交往。

2. 耐心

通常情况下，即使我们对他人的话题不感兴趣，我们也应该出于礼貌洗耳恭听，尤其是对方谈兴正浓时，我们更要耐心地听下去。当然了，如果对方的话题太过无聊，甚至令人难以忍受，我们也可以对其作出暗示。对方如果识趣，也一定会中止话题或改变话题。需要注意的是，在任何情况下，我们都不能流露出厌烦的神色，以免影响双方交往。即使你不想与对方交往，但这样做起码对我们没有害处。

3. 互动

听别人说话并不是一味地坐着不动，一个高明的听众，应该跟着说话人的思绪，并适时地用简短的语言（如"对"、"是"等）或者点头、微笑等动作与对方进行互动，表示双方所见略同。当然了，轮到我们发言时，我们也没有必要说个不停，而是应当适可而止，做回一个听众。

4. 虚心

无论对方说得对错与否，我们都应该在对方说完之后再发表自己的意见，绝对不可以中途插嘴，一吐为快。当对方因为思路中断或知识有限无法继续说下去时，我们还应该适时提醒，以免对方尴尬。与此相反，随意打断他人、任意发表意见或者嘲笑对方都是极为失礼的表现，其结果也只能是引人反感、被人讨厌。

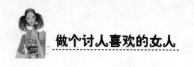

"职言"有忌

办公室是许多上班族驾驭人生的舞台，但在办公室里整天和同事在一起，免不了互相交流。而交流本身，是一门很大的学问。俗话说："好言一句三冬暖，恶语伤人六月寒。"或许你本是好意，但由于表达方式不恰当，可能会造成一个十分糟糕的结果。因此，在办公室说话，一定要注意你的方式方法。那么，在办公室说话要注意哪些事项呢？

1. 办公室不是炫耀自己的地方

在办公室里，你可能专业技术非常好，你可能是办公室里的红人，你可能深受老板赏识，但你如果因此而炫耀自己，肯定会让你的形象一落千丈。请记住：谦虚使人进步，骄傲使人落后。不管你的能力有多强，在职场中都要时时刻刻保持小心谨慎。山外青山楼外楼，强中自有强中手，没有人能天下无敌，一旦哪天来了个比你更厉害的员工，你肯定会马上成为别人的笑料，你平时对自己的夸耀，会成为自己无地自容的理由。所以职场女性要记住，永远不要在办公室里炫耀自己。

2. 办公室不是倾诉心事的场所

在我们周围，总会看到这样一种人，他们性格爽快，敏感脆弱，每当遇到困难或烦心事，就喜欢到处向别人倒苦水。这样的交谈，虽说有可能快速拉近人与人之间的距离，但事实上，极少有人能够严守秘密。所以，当你的生活中出现困难、挫折，或是情感中出现失恋、婚变之类的事情时，最好不要在办公室里随意倾诉。当你的工作陷入困境时，比如任务没完成、对公司有看法、对同事有意见等，你更不能在办公室里袒露自己的心声。过分的"真诚"和"直爽"会让你陷入不必要的麻烦中，任何一个成熟的员工都不会这样冒失地把自己的"真心话"说给公司的同事。要知道，办公室只是工作的地方，并不是生活的场所，你的所有私人问题应该私下解决。不管你多么烦恼，都不要把它们带到办公室里来。

3. 办公室不是逞强的地方

在办公室里，与同事相处时要温和友善，让他们感觉到你的亲切和易于交流。即使你是一个管理者，也不能整天用命令的口气与同事或下属说话。在与同事交谈时，切忌用手指着对方大发脾气，因为这样除了会让对方感觉受了侮辱之外，只能体现出你自己的修养欠佳。而且在工作中，同事之间难免会对某个问题的看法不太一致，对于那些原则性不是很强的问题，你没有必要和他们论个究竟、争个死活，你完全可以一笑了之，这样既能体现你的大气，又能表现你的涵养。而一味地逞强、好勇斗狠，只会让别人对你敬而远之。时间长了，你就会在不知不觉中成为办公室里最不受欢迎的人。

4. 办公室不是人云亦云的地方

任何一家企业的老板，都喜欢那些思维活跃、头脑清晰、有独立意识的员工。如果你只是一个人云亦云的人，那么你在同事和老板的心目中就会变得可有可无，这样就很容易让大家忽视你的存在。久而久之，你在办公室的地位就会越来越低，直至无足轻重。因此在办公室里，要有自己的思想，要有自己独立的思维方式，有自己独特的见解。当你发出自己的声音，说出自己的想法的时候，你就会变得受人尊重，也会越来越受领导重视。

游刃职场的 10 句话

同在职场打拼，谁不想出人头地？又有谁愿意屈居人下？但是出人头地的人，尤其是女人，永远是少之又少。那么是她们缺乏必要的技能吗？还是她们不够敬业？都不是。她们所缺乏的，其实是看似最简单却又最深奥的说话能力。俗话说："好人出在嘴上"，如果你以为单靠熟练的技能和辛勤的工作就能在职场上出人头地，那么你就太天真了。相对于才干这种硬实力而言，懂得在关键时刻说适当的话，对于我们的职业生涯成功与否起到的作用，同样不容忽视。所以，职场女性必须熟练掌握以下 10 个句型，并在适当时刻将它们派上用场。如果你做到了这一点，那么恭喜你：因为加薪与升职已经离你不远了。

（1）恰如其分地讨好的句型："我很想知道您对某件事情的看法……"

与高层要人共处一室时，有时候需要我们找些话题，以避免或改变尴尬的局面和气氛。但是说什么非常重要。说每天的工作流程，显然让人乏味；说说最近的天气，又根本不会让高层对你留下印象；如果纵论天下大势，不仅显得文不对题，而且往往会给领导留下夸夸其谈的印象……此时此刻，最恰当的话题莫过于那些与公司有关而且发人深省的事情。这些问题，是他们关心而又熟知的问题，在他们的指教下，你不仅获益良多，同时还会给他留下有上进心、有集体感的良好印象。

（2）不露痕迹地推辞的句型："这件事情是很重要，但是我手头的工作也很重要，您看先干哪个？"

有时候，领导们会分配一些紧急任务。所谓救急如救火，对此我们当然应该立即执行，但是就怕那些习惯于鞭打快牛的领导——他们是在变着法地给你加码。这时候，运用这种句型就比当下推辞好得多。首先，你明白新任务的重要性；然后，你手头现有工作也很重要；最后，你请求上司的指示。一句看似非常服从的请示语，却不露痕迹地让上司明白了你的工作量其实很重。如果非要我去干新任务，手头的工作就得延后或者转交他人了。

（3）智退性骚扰的句型："这种话好像不大适合在公司讲吧？"

遇到有男同事在公众场合讲黄腔时，上面的句型立即就能让他们闭嘴。即使对方讲这些纯属娱乐或者说是无心之失，你的委婉声明也能够让他适可而止，而且不至于太尴尬。如果对方不识趣，那他显然就是在骚扰你，可以向有关人士举发，给予必要的教训。

（4）巧妙闪避、暂时解危的句型："我认真地考虑一下，一会儿答复您好吗？"

如果领导问了你某个与业务有关的问题，而你又不知如何作答，此时千万不要说"不知道"，上面的句型不仅可以暂时为你解危，而且还会让领导感觉你对这件事情非常慎重，一般来说，他们会答应你的请求。不过在接下来的时间里，你可要好好准备一番，尽量给领导一个让他满意的答复。

（5）在承认错误的同时自保的句型："都怪我一时疏忽，不过……"

工作中有所失误在所难免，承担自己的过失也是责无旁贷。但是在坦承过失时，却要注意必要的技巧。如果能够找出确实存在的一些导致错误的主客观因素，转移失误的焦点，淡化自己的过失，大多数情况下，只要情有可原，领导一般还是会原谅你。退一步讲，一个不能容忍员工有所失误的公司，我们又有什么值得留恋的呢？

（6）冷静面对不当批评的句型："谢谢您告诉我，我会仔细考虑您的建议。"

自己的努力遭人修正或受人批评时，的确令人苦恼，但是千万不要让不满的情绪写在脸上，否则难免会给人留下刚愎自用或是受不了刺激的印象。如能自然地运用上面的句型，不仅是对对方必要的回应，同时你不卑不亢的表现也会让对方适可而止、识趣而退。

（7）委婉求助同事帮忙的句型："这个事情没你不行啊！"

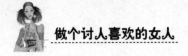

"一个好汉三个帮"，遇到棘手的工作，怎么才能让同事心甘情愿地助我们一臂之力呢？送高帽、灌迷汤一向是行之有效的好办法。不过事成之后，别忘了对同事真诚地道谢，必要时还要学会分享。同事有需要的时候，你还要记得报恩，否则这个句型并不能保证你百试不爽。

（8）表现团队精神的句型："××的点子真不错！"

如果有同事想出了连上司都赞赏的绝妙好计，与其面沉如水，心生嫉妒，还不如借题发挥，悄悄沾他的光。具体运用时，可以趁着上司在场时说出这一句型。在这个人人争相出头的社会，一个非但不嫉妒而且能欣赏同事的部属，无疑会让上司产生一种"此人本性纯良、富有团队精神"的看法，如果你其他方面尚可，相信很快就会得到他的青睐。

（9）领导征求答复时的句型："我立即处理。"

领导最看中的就是下属的执行力。在他征求答复时给以冷静、迅速地回答，会给领导留下你是一个有效率、听话的部属的好印象。相反，唯唯诺诺、犹豫不决甚至推三阻四的态度，只会惹得领导不高兴。

（10）委婉地传递坏消息的句型："我们好像碰到了一些状况……"

如果得知一件非常重要的事情出了纰漏，千万不要立刻冲到上司的办公室里去报告坏消息。否则即使不是你的原因，也会让上司质疑你面对危机、处理危机的能力，弄不好还把气撒在你头上。这时应该以从容不迫的口吻说出本句型，并尽量避免使用"问题"或"麻烦"等字眼。当你做到了这一点，你至少已经具备了大将风范。如果你的能力能够与之相匹配（最好是把眼前的事情处理好），你的前途则指日可待。

第三章

职场丽人处世宝典

为人处世是一门高超的艺术，熟练地掌握并且恰到好处地发挥运用它，对每一个渴望成功的女人都大有裨益。反过来看，大凡处处受人欢迎、招人喜爱的女性，都是处世高手。有她们在场，各种事情都不难摆平，各种局面都不难掌握，各种人物都不难应对。还等什么呢？赶紧学习一些做人做事滴水不漏的处世智慧吧——这是你生活幸福和事业成功的基本保障。

笑傲"职场江湖"

"人在江湖，身不由己"——这恐怕是现代人最普遍的感慨！今时今日的我们，每个人每一天都面临着前所未有的竞争压力。而职场女性们的压力，无疑来得更加沉重一些。有人说，职场就是江湖，既然是江湖，就免不了是非；更何况，你控制得了自己，却控制不了别人；你对别人友善，别人却未必对你友善……还是那句老话，有人类的地方，就会有矛盾有摩擦有竞争。

毫无疑问，日益激烈的生存压力是每个职场女性都无可回避的事实。然而，正所谓"家和万事兴"，大家同在一个单位，或者就在一个办公室里，只要搞好同事间的关系，办公室这个大家共同的小天地也并非不能和谐融洽。而这当中，了解并运用一些建立在相互尊重基础上的相处之道又是个中关键，具体说来包括以下内容。

1. 不要在办公室里交朋友，不要搞小集体

通常在一位女性第一天上班时，总会有一个热情似火的人替她忙这忙那，向她面授机宜，让她在短短数小时内对公司内幕"了如指掌"，对公司同事个个"门清"，同时也掏尽了她的肺腑之言。可是不久后她便会发现，那个在背后不断造谣中伤她的人，正是这位热情得不能再热情的"好朋友"。

这是一个很普遍的办公室现象，很多颇有前途的女性往往就栽在了这上面。所以，不要试图在办公室里发展什么友谊，更不要在热情得过了头的同事对某人说三道四时人云亦云。即使你们的友谊非常纯洁，并且不是建立在共同褒贬其他同事的基础之上，你仍然需要和同事保持一定的距离，切不要将这种亲密关系在办公室里张扬，如小声交头接耳，突然哈哈

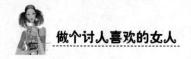

大笑，做事你我不分等等，诸如此类都会惹来其他同事的反感或不悦。

2. 和同事有矛盾时不要公开激化

"不如意事常八九，能与语者无二三"。在职场打拼，我们无可避免地会遇到一些由于种种原因与自己意见相左的人。与同事发生矛盾时，切记要理性处理。即使你有百分之百的真理，也不要盛气凌人，非得争个你死我活才肯罢手。否则即使你赢了对手，大家也会对你另眼相看，觉得你是个不给人留余地、不尊重他人面子的同事，以后也会在心底防着你。而那些被你损害了尊严的同事，也会对你记恨在心，你丢失了一大堆朋友，又多了一个敌人，以后的日子可想而知。

3. 尽量不争辩

有些女性说话时有一个"不自觉"的坏习惯，那就是凡事喜欢争论，一定要胜过别人才肯罢休。但是为了你的工作和前途，即使你非常爱好并擅长辩论，也应该把此项才华留到办公室外去发挥，否则你屡屡在口头上胜过同事们，其实是在损害别人的尊严而不自知，如果对方不够宽容豁达，说不定哪一天他就会用某种方式对你还以颜色。

4. 有些话绝对不说

如果一个员工经常把自己对工作的意见或私人生活的事情四处散播，或是添油加醋地在别人后面说三道四，影响同事间的友好与团结，久而久之势必会影响整个公司的工作情绪和积极性。这样的人，自然为公司领导所不容，同时也容易招致同事们的反感和攻击。就算你说的是事实，就算你说的是真话，就算最后传到别人耳里的话根本不是你的初衷，但是人人都会把你当成"罪大恶极"的始作俑者。

如果同事在某项工作中的表现不尽理想，也不要在他背后向其他人说起，说是道非最容易引起同事的不满和不信任。道理非常简单：当你向某同事诉说他人的是非时，如果她足够聪明的话，她一定会联想到你在其他人面前如何如何地形容过她自己。更不要向上司打小报告，因为绝大多数上司通常极其厌恶这样做，他们认为一个人喜欢向上司打小报告的人，往往不能专心工作，虽然他看起来有点像领导的"局内人"。

如果由于自己能力出众、工作出色，而被老板表扬、加薪或提升时，千万不要在老板没有宣布的情况下就在办公室里自我宣扬，也不要故作神秘地对关系好的同事诉说，否则消息传开以后，肯定会引来不必要的麻烦。如果因为工作失误被上司批评处罚，也不要诉说老板或上司的种种不是，更不要提及某某同事也这样了怎么不罚，如此不仅惹老板厌烦、同事恼怒，严重时很可能因此被"痛杀"。假如上司将公司机密告诉自己，更要学会守口如瓶，千万不要泄漏只言片语。

很多女性喜欢向同事倾吐苦水，但是相关调查表明，只有不到1%的人能够严守秘密。所以当自己的个人危机如失恋、婚外情等等发生时，最好不要在同事之间诉苦，更不要到处诉苦，一如鲁迅先生笔下的祥林嫂，以免成为办公室的注目焦点，也容易给老板留下问题员工的不良印象。

5. 有些话不能不说

有些话绝对不说，有些话却不能不说。比如当你得知单位要发奖品、领奖金等好事时，如果一声不响地坐在那里，像没事人似的，这样几次下来，同事们就会觉得你不太合群，缺乏"共同意识"和"协作精神"。以后遇到类似情况，也不会告诉你，长此以往，势必影响同事之间的关系。

如果你需要请假但主管不在，或者临时需要出去半小时，这时候一定要和同事打个招呼，这样领导或熟人来找时，同事可以给他们一个"交代"。如果一个人什么也不说，进进出出神秘兮兮我行我素，到头来受影响的只能是自己。互相告知，它既让你避免了相应的麻烦，还表明了你对同事的尊重、信任和重视，同样有益于双方关系更进一步。

6. 有些话不妨说说

有些女性"轻易不求人"，这原本无可厚非，但是良好的人际关系却往往以互相帮助为前提，而且很多时候求助别人反而能表明自己对别人的信赖，能融洽彼此之间的关系。比如自己身体不好时，同事的爱人又恰恰是医生，这时就不妨通过同事的介绍去找他爱人给予"特殊待遇"，以求健康问题更好地得到解决。倘若不肯求助，同事知道了，可能会觉得你不信任人家，害怕人家越治越差。另外，你不愿意求人家，也就代表着你拒

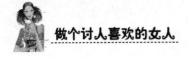

绝帮助别人，别人有事时，也就不好意思求你。所以，有些话不妨说说，不能一味地怕给别人添麻烦。当然求助时要讲究分寸，尽量不要使对方感到为难，也不要凡事都求助。

7. 称赞的话不妨多说

"好话一句三冬暖，恶语伤人六月寒。"称赞对方的话，无疑是最好的好话。既然是好话，那么不妨多说。美国哲学家约翰·杜威曾经说过："人类本质里最深远的驱策力，就是希望具有重要性。"此话不假，作为一个正常人，每个人都渴望被认可、被肯定甚至被崇拜；当然，也没有任何人愿意被他人藐视，每个人都希望获得他人的尊重，而赞美无疑可以使人们的自尊心得到极大的满足，进而使对方感觉到他是一个重要的人。因此，时时处处中肯、真诚地赞美他人，绝对是最有效地促进双方沟通、加深彼此感情的办公室处世之道。

8. 有些事不要拒绝

如果同事带来点儿水果、瓜子、糖之类的零食到办公室，休息时间吃，请不要一概拒绝。如果同事获了奖或评上了职称什么的，大家都很高兴，对此你也要尽可能积极参与。如果人家热情分送，你却每每冷拒，时间一长，难免给人以清高、傲慢甚至嫉妒、仇视他的印象，彼此之间自然就会变得越来越难以相处。

9. 有优越感时别炫耀

如果你和老公去了夏威夷海滩度假，大晒阳光浴，返回职场时当然不能一下子掩盖自己古铜色的肌肤，但是尽量别在一直埋头苦干、连气也几乎喘不过来的同事面前手舞足蹈地描述自己愉快的假期；也不要在尚是独身的同事面前夸耀你那俊朗不凡、体贴入微、多金而又多才多艺的丈夫或男友；又或者在肥胖的同事面前自夸"吃什么也不会胖"。这样只会令别人疏远你，甚至招来不必要的嫉恨。

同事相处之道

"人上一百，形形色色"，这并非仅仅针对人们的面容而言，最主要的还是说人们的性格差异。那么职场女性应该如何与各种性格特征的同事们相处呢？以下是一些职场达人们的经验之谈，相信会对所有的职场女性有所帮助。

1. 与容易感情用事的同事相处时

容易感情用事的同事往往缺乏理智、容易冲动。与他们相处，稍不留神就会引起其感情上的冲动，为我们带来很多不必要的麻烦。为避免相应烦恼，与他们相处时，我们必须把握以下要领。

（1）远离让他们敏感的话题和事情。原则上只要有类似的同事在场，我们必须避免谈论那些有可能刺激他们的话题，坚决不做让他们敏感的事情，当然背后也不能说类似的话、做类似的事情，只有杜绝让他们冲动的源头，才能与他们和谐相处。

（2）当他们感情冲动时，千万不要去招惹他们，也不要安慰他们，只需采取冷淡的态度即可。因为容易感情用事的他们冲动的时候，一定失去了理智，如果再去招惹或安慰他们，无异于火上浇油，只有等他们恢复了理智，再去处理问题，才能真正地解决问题，才能避免相应的麻烦。

（3）如果这种同事招惹你，你千万要高姿态，不与他们一般见识。与他们一般见识，只能说明我们自己不会做人。另外，你的宽宏大量还能赢得周围人的支持，甚至感化对方，冰释前嫌。

2. 与办事拖沓的同事相处时

有的同事天生麻利，办事雷厉风行；有的同事恰恰相反，无论干什么

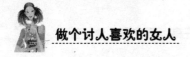

事情都磨磨蹭蹭，拖沓成性。与他们共事，往往会影响工作进度，有时真能把一个人急得团团转。如果你身边恰好有这种类型的同事，相处共事时最好做到以下几点。

（1）少给他们分担一些任务，如果有可能还应该真诚地帮助同事一把。如果通过自我牺牲能使我们的工作成效更加显著，还能收获同事的感激之情，这看似很吃亏，其实是占了大便宜。否则自扫门前雪，到头来同事的慢动作影响的可不仅仅是他自己。

（2）办事拖沓并非无法根治，最好的办法就是和同事一起制订一个共同的工作计划。计划中应该尽可能地把计划的目标、责任写明写清，注意要在计划中突出时间的概念，最好把在什么时间完成什么工作用文字表述出来。如果你的同事还有药可救，他一定会严格要求自己，"照章办事"，否则用不了多久，领导就会为你解决他的拖沓。

（3）对于屡教不改的同事，可以用协商的方式让他做出承诺，最好把他的承诺写下来变成书面的东西，以及他需要承担的责任。在强大的责任压力和危机感下，如果他不想被辞退，他一定会提高自己的工作效率。

3. 与不肯合作的同事相处时

对于任何企业、任何人来说，同事之间的相互配合都是不可或缺的事情。那么，当我们需要同事合作而同事却不肯合作时，应该怎么办呢？有些女性遇到这种情况时会迁怒于同事，认为是同事的不对。但是抱怨无济于事，愤怒只会让事情越变越糟。明智而又理智的做法，应该是想办法让同事与我们合作。一般来说，可采取以下策略改变同事的初衷。

（1）所谓"无风不起浪"，同事不肯合作的原因，往往出在我们自己身上。也就是说，同事不合作肯定是对我们有意见。无论你做得对与不对，这时候都应该及时找出原因，然后积极主动地向同事进行解释，如果我们有错，还应该诚恳地向同事道歉。大多数情况下，同事会改变看法，与你合作。

（2）某些同事之所以不肯合作，关键在于刺激不够。这时我们一定要对同事做出承诺，让同事在合作中得到一定的好处。在利益的驱动下，很少有同事不动心。

（3）有时候，向同事表明他的重要性，使同事产生一种被人器重的感觉，同事或许就会乐于与你合作。如果同事拒不合作，你还可以说明事情的重要性，那样的话，很少有人愿意赌气去承担相应的严重后果，不过"防人之心不可无"，对于同事可能会做的小动作你要注意防范。

4. 与爱嚼舌头的同事相处时

树林子大了，什么鸟都有。职场中有一种爱嚼舌头的人，如果他恰好是你的同事，无疑让人非常郁闷。但是对于这种整天不干正事，喜欢挖空心思地"嚼舌头"，专说他人是非长短的同事，即使是他在说你，你也要保持克制，否则无论是对其进行反驳或是还击，都会让我们大失风度。

对待这种人，最好的办法就是不跟他们一般见识。不管他说谁，不管他说什么，我们只当没听见，这样一来对方自会觉得无趣，悻悻而退。如果你实在难以忍受这种人，那么你就在他"发作"的时候远远地走开，用自己的行动表示对他的不屑和蔑视。这样即使不能争取到他们，至少也不会被他们影响到。

5. 与倚老卖老的同事相处时

论资排辈的传统在很多单位"保存"得相当完好，在一定时期内还将长久地传承下去。不客气地说，大多数老员工都会有意无意地倚老卖老，再加上他们往往在单位里拥有相当重要的地位，与他们的关系处理不好，我们无疑会吃很多苦头。对此，我们应该掌握一些与之相处的本领，其中最重要的一点就是尊重他们，时时刻刻注意相应的礼貌。所谓"礼多人不怪"，要想赢得他们的好感和认可，我们就得格外地对他们有礼貌，显出自己对他们的敬重。

此外，资历较老的同事一般比较稳重，也看不惯一些年轻人的做派，所以在他们面前不能过于随便，比如随便讲八卦、说荤段子，甚至穿得时尚前卫一些，都有可能使他们反感，影响你在他们心目中的印象，刚入职场的女性们要特别注意。

6. 与拍马溜须的同事相处时

职场中有这样一种人，没什么工作能力，但拍马溜须的本事却很高，也就是人们常说的"马屁精"。如果你的身边不幸也有这种人，那么千万不能大意，非但不能轻视他的破坏能力，而且要时时处处提防他。因为他们不但善于溜须拍马，还特别会投机钻营，为了达到自己的目的，他们往往会不择手段地往上爬。因此，即使你对他们非常蔑视，但是绝对不要把自己对他的蔑视表现在语言和行动上，必要的时候，还应该学点厚黑学，适当地与其搞好关系。如果不能善待这种人，他们就会千方百计地对你造谣中伤。与其如此，何不对他虚与委蛇，以虚对虚呢？

7. 与口蜜腹剑的同事相处时

口蜜腹剑并不是李林甫的专利，职场中有很多笑里藏刀的同事，对待他们，最好的策略就是不去理会他，把他当作路人看待。比如他想和我们接近时，我们可以推说有事马上离开他，不给他任何接近的机会。如果因为工作的关系，我们必须和他们进行合作，那么合作过程中你要特别小心谨慎，只要是与工作无关的话，一概免谈。如果这类同事比自己职位高，甚至我们不幸成了他们的下属，那么我们就要在不得罪他的情况下防范他，一定要多长几个心眼，以免稍不留意被他拿来消遣，甚至成为他的挡箭牌、替罪羊。

8. 与愤世嫉俗的同事相处时

客观地说，愤世嫉俗的同事往往很有正义感，在当今社会已经非常难得了。但是他们的优点恰恰是他们甚至是他们周围的人的致命弱点，因为无论什么事，只要不合乎规范、不合常理他们就看不惯，哪怕是鸡毛蒜皮的小事，也不能容忍。也因此，他们常常会把自己的情绪带入到工作当中。与他们相处时，最好和他们保持一定距离，或者敬而远之。否则一旦被他们抓住了"问题"，无论是我们自己还是别的同事，无疑都会让人非常难堪，难以下台。

9. 与尖酸刻薄的同事相处时

尖酸刻薄的同事喜欢挖苦人，喜欢抓住同事的小辫子不放，有的人言语极其恶毒、刻薄，极尽嘲讽之能事。被人挖苦无疑会让人自尊心受伤，所以与这种同事相处，是一件痛苦的事情。这种痛苦来源于两个方面：一、由于这种人在单位人缘很差，没有人愿意理他。如果你与他处得很好，无疑会让大家认为你与他臭味相投，因而自绝于人群。二、这种同事天生牙尖嘴利，你稍不注意，就会成为他的攻击对象。所以对待这种同事，最好的办法就是和他保持一定的距离，不要和他走得过近。即使他来招惹我们，我们也不要和他一般见识。否则你一反驳，他反而更来劲，对于不善于辩论的我们来说，与他们争论不仅很难获胜，而且有失风度。而如果我们不理会他，他就会自讨没趣，自行退却。

10. 与"无所不知"的同事相处时

这种人是生活中的"百事通"，似乎什么东西都懂，世上的万事万物没有他不知道的。他们的主意和点子也特别多，并且常常表现得极其热情，每当同事们遇到什么问题时，他就会不请自到，为别人支招。诚然，这种热情是值得肯定的，但是这种同事很容易迷惑人，即使他没有什么不良动机，我们也要问问自己，如果他什么都懂，什么都会，真的那样博学多才、能力超群，那么他早已成就了一番大事业，他早就不会像你一样在职场上打拼了。当然对于那些没有不良动机的同事，我们必须对他们的热情给予认可并真诚地道谢。即使我们不采纳他们的意见，也应该进行必要的感谢，绝对不能让他感觉到你在质疑他的能力，以免因此得罪他。

11. 与口是心非的同事相处时

有的公司里有这样一种人：无论别人向他们提出什么样的要求，他都会爽快地答应，立即给人一个满意的答复。无论是谁征求他的意见，他总是对别人大加赞赏。但是时间一长，我们就会发现，这种人根本说话不算数，有时我们甚至会因为他们对我们的承诺，误了大事。如果你去找他，他总能找出堂而皇之的理由，让你欲哭无泪，欲说无言。所以，遇到类似的同事，千万不要轻信他们，或者说根本不必对他们抱任何幻想。因为这种言行不一、表里不一的同事，根本就没有任何信用可言，相信他们，只能说明我们自己还不成熟。

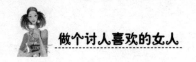

12. 与斤斤计较的同事相处时

如果身边有几个喜欢斤斤计较的同事，无疑也是一件烦心事。但烦心归烦心，为了不处处树敌，我们应该掌握一些策略，尽量争取此类同事，退一步讲，这样做至少可以保证我们与他们相处时不烦心。一般来说，与他们相处应把握以下要领。

（1）不与他们发生利益关系，在什么情况下，只要牵扯到共同利益，就要事先坚决分清你是你我是我，用规则去制约双方，这样即使对方不高兴，也无话可说。

（2）有道是"惹不起的人躲得起"，对于此类同事，能不合作时就尽量不与其合作。不与其合作，自然就会减少许多麻烦。

（3）合作时一定要把丑话讲在前头，做到先小人后君子，如果有顾虑，最好形成书面文字，把双方的利益和责任写清写明，让对方的斤斤计较无从张口、无从下手。

13. 与"死板"的同事相处时

某些同事说话办事欠缺灵活，非常死板。与他们相处，我们应该尽量避免和他们干相同的工作，至少也应该避免和他们分在一组。因为这种人大多恪尽职守、勤勤恳恳，其敬业精神远非常人可以企及，因此极受上司赏识。和他们一起工作，我们不免相形见绌，如果上司拿他和我们比较，对我们的印象自然会大打折扣。当然我们也应该努力工作，更加敬业，但是千万不要死板到他们那种不可救药的地步。和他们相处时，最好的办法就是赞美他们的敬业，这就需要经常给予他们肯定和赞美，以满足其虚荣心，这样他们就会牢牢地团结在我们周围。如果你的周围都是一些受上司赏识的同事，这无形中就是一笔巨大的收获。

给上司留下最佳印象

有过这种经历吗？自己工作能力很强，每天忙前忙后，成绩也有不少，可就是得不到老板的赏识。

遇到过如下问题吗？自己一天到晚忙忙碌碌，跑前跑后，可就是没有人注意到，尤其是上司注意不到。对于那些对公司做出了突出贡献的职业女性而言，这种情况更让人郁闷。

究竟是什么原因导致了这种状况呢？或者说如何才能得到老板的赏识呢？个中关键在于我们没有给老板留下最佳印象，甚至没有留下一个起码的好印象。想要改变这种情况，如下几点建议可以帮助我们。

1. 提前上班

千万别以为没有人注意我们的出勤情况，上司可在无时无刻地盯着我们呢！如果能坚持早一点到公司，至少会显得我们很重视这份工作。另外，"一天之际在于晨"，提前一点到公司，可以对一天的工作做个规划，当你能够从容不迫地把工作完成得相当出色时，想不给上司留下好印象都难。

2. 苦中求乐

不管上司分配给你的任务有多么艰巨，都要尽量表现得乐观些，并付出十二分的努力，千万别表现出自己无法胜任或者不知如何下手的样子，更不要埋怨或推脱，否则即便是上司的任务真的无法完成，到那时他先要问你个拒不执行或执行不利之罪。

3. 反应要快

时间就是效率，上司的时间比我们的时间更加宝贵，所以无论什么时

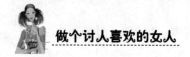

候，无论什么任务，上司交代的工作我们都应该立即执行。而且我们必须明白，不管上司临时指派了什么工作给我们，那些任务都比我们手头上的工作来得更重要，必须给予迅速地执行，确保及时完成任务。这种指哪打哪、反应敏捷的好印象是任何能力任何代价都无法比拟的。

4. 勇于承担

社会在发展，公司在成长，个人的职责范围也要由小到大，水涨船高。作为一个合格的职业女性，不要总是把"这不是我分内的工作"挂在嘴边上，更不能以此为由来逃避责任。如果有额外的工作分配到你头上，你不妨把它视为一种机遇。当你做好了更多的事情，真正把公司的事情当成了自己的事情来做，上司又怎么会对你印象不好呢?

5. 保持冷静

"不如意事常八九，能与语者无二三"，无论是面对企业困境，还是面对个人危机，职场女性都应该保持冷静，处之泰然，积极寻找解决办法。一个面对危机声色不变并且总能找到解决办法妥善解决的员工，自然能受到老板的欣赏和钦佩。

6. 说话谨慎

"病从口入，祸从口出"，古今中外，由于嘴不严，最终导致失败甚至因为一句话误了卿卿性命的例子比比皆是。所以，职场女性要把好口舌关，如果不能够巧舌如簧令同事和上司皆大欢喜，还不如保持沉默。对于工作中的机密，更应该守口如瓶。否则即使你能力再强、前途再好，也终有一天会毁在自己的一张嘴上。

7. 善于学习

学习是每个职场女性不断取得成就的前提，也是每个职场女性在领导心目中赢得最佳印象所必须的。当然即使你不在职场，树立终生的学习观也是必要的。对职场女性而言，一定的专业知识和广泛的知识面缺一不可，因为一些看似无关的知识，却往往会对我们的工作起到巨大的推进作用。因为一个知识渊博的知性女人，在上司的眼中一般不会太坏。

避免"越位"

无论是在足球场上，还是在办公室里，越位都是非常危险的动作。无论你的越位是有意的还是无意的，也无论你所说的是正确的还是错误的，尝试越级报告的人，往往会伤害自己。因为下属越位不仅会破坏单位的正常运行秩序，还会使高级主管忧心忡忡——我要加强小心了，要不然她哪天给我来个小报告！一个不能让上司放心的下属，又怎么可能受上司欢迎呢？

所以，职业女性必须正确认识自己的角色，给自己一个准确的定位，切实做到出力而不越位，唯有如此才能正确处理好上下级关系，才有可能得到领导的认可和赏识。

一般来说，职业女性会出现的越位情况包括以下几种，只要充分了解并尽量规避，避免这种错误并不太难。以下我们逐一说来。

1. 决策越位

下属与上司最大的区别就在于双方的决策权大小不同，有的决策可以由下属做出，但有些决策则必须由上司做出，如果下属超越自己的权限，擅自做出一些自己无权做主的决策，下属就犯了决策越位的错误。

2. 表态越位

表态一般是指人们对某件事情的基本态度，与一定的身份地位相联系，如果超越身份胡乱表态，不仅是不负责的表现，而且其表态是无效的。因此，在单位之间交涉问题时，对带有实质性问题的态度，应由上司或在上司授权的情况下才能表态。如果没有上级授权，下属去抢先表明态度，不仅会陷领导于被动之中，而且往往会给公司造成重大损失，或者使

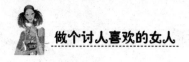

矛盾激化。

3. 工作越位

有道是"不在其位，不谋其政"，某些具体工作究竟应该由谁来干，有时候非常微妙。如果一件原本应该由上司出面去做的工作被不明白此点的下属抢先完成了，那么她非但得不到应有的奖励，而且会被领导视为威胁，因为她已有意无意地造成了工作越位的事实。

4. 答复问题越位

对某些问题作出答复，一般需要一位符合身份的领导或相当的权威人士才有资格答复。如果一个人微言轻的下属擅自答复，不仅造成了答复问题越位，而且往往会让事件更加复杂化，更加难以收场。

5. 场合越位

在某些场合，比如客户应酬，参加宴会等，也应适当突出上司，而有的下属却张罗过度，喧宾夺主，从而造成了场合越位。所以在一些比较大的场合，职场女性要注意少突出自己，多突出上司，以避免场合越位现象。

面对不同类型的上司

能否与上司处好关系，对于职场女性而言，无疑比搞好同事关系更为重要。因为它在很大程度上决定着职业女性的职业生涯好坏——与上司处不好关系，轻则工作不顺、怀才不遇，重则被炒鱿鱼、痛失前程，反之则让职业女性在大受欢迎的同时升职加薪，顺水又顺风。

怎么才能与上司处好关系呢？当然不能一味地讨好上司，否则很可能招致上司反感，尤其是那些正人君子型的上司。除了做好本职工作并给予必要的尊重以外，职业女性还要学会"看人下菜碟"，也即针对不同类型的上司，运用恰到好处的相处之道。具体说来包括以下内容。

1. 与"管家婆"式的上司相处时

有的上司就像一个事无巨细的"管家婆"，一天到晚，事无大小，他都要亲自过问、亲自干预，让负责具体工作的下属非常苦恼。这种上司与其说是负责，不如说是专制，虽然他们表现得似乎很开明，实际上下属对他而言，只不过是他们获得某个结果的工具。他的意见就是命令，他的命令必须执行。时间一长，下属就会感觉精神紧张，更别提从工作中获得成就感了。

遇到这样的上司，职业女性不能一味唯命是从，应该尝试着去说服他，让他明白即使是我们按照自己的方式做事，事情同样可以像他预料中的那样好，甚至比他预料中的更好。如果他固执己见，这时候你或许可以考虑向他递上辞呈，另谋发展。

不过在采取具体行动之前，我们应该鼓起勇气说出自己的想法，并且要发自内心地以朋友的身份去了解他们，看看上司究竟为什么总是对下属缺乏信心。找到了原因，我们就可以想办法让他放下心来，给予我们充分

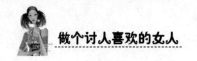

的自由发挥的余地，而不是被上司虎视眈眈盯着，像个机器似的去完成上司的指令。

2. 与好邀功的上司相处时

职场中最令人气恼又无奈的事情，莫过于遇上一个懒散不已、又喜好争领功劳的上司。看着我们的努力成了为领导做嫁衣裳，很多人不是愤而辞职，就是找到上司当面质问，结果反而陷自己于不利境地。因此我们说，争取自己的劳动所得原本无可厚非，但是必须注意方式方法。比较理智的做法是，遇到烦恼情况时吸取教训，下一次在进行每一步骤时，便请来一个见证者，比如在秘书小姐面前进行，让其他同事或其他领导有目共睹，知晓整件事情的来龙去脉，即使最终的功劳仍被上司夺去，但是真相却是他无法掩盖的。这时候我们可以再观察一段时间，如果公司上下都对此见怪不怪，你也没有得到应有的奖励，也许你真的应该愤而辞职了。

3. 与固执己见的上司相处时

对于那些顽固不化的上司，尤其是那些稍微拂逆他的意思他便暴跳如雷、令别人精神紧张心烦意乱的上司，职业女性应该如何应对呢？必须承认，要想彻底改变他们的性格确实不太现实，但是以下忠告却可以在一定程度上让他们变得可以考虑听听下属的意见。

（1）与上司谈话时语气须温和、态度应客观，不妨多作让步，切忌先入为主，以为自己的方式方法就一定正确，上司不肯听从就是固执。

（2）自己的意见应该以公司的利益为前提，与上司和平相处，使公司里有分歧的意见得到协调，是下属的职责。

（3）当你准备向上司提议时，首先冷静地想想：我的建议究竟有多大的意义？到底谁是主？谁是副？

（4）如果可以的话，尽量不要在公司里与上司展开激烈争辩，最好在下班后请他到附近的餐厅喝杯咖啡，在没有其他同事在场的情况下，把自己的看法委婉地提出来。

（5）要专心聆听上司的说法，反复考量上司的做法，避免抢先表达自己的意见，有时，上司还有不得已的苦衷，作为下属，我们要学会为上司考虑，为他们分忧解难。

（6）摒除成见，不要以为上司必定是个固执的人，要相信自己一定能平心静气地说服他。带着和平的心态去建议他，大部分上司都会与你和平共处。如果上司不认可你的建议，有时候他可能把你视作了一种威胁或挑衅。

4. 与脾气暴躁的上司相处时

某些上司脾气火暴，沾火就着，有时候我们甚至不知道哪里做错了，他们已经发起了无名业火。怎么与他们相处呢？某人际学专家受消防火灾的启发，总结出了管好"火源"、控制"火势"、掌握"火候"等几条经验。

（1）管好"火源"

与火大的上司相处，首先要了解他的性格特点，同时要理解他。要认识到他不是对任何一个人特别过意不去，大多数情况下他们是对事不对人。我们看待他们，不妨暂时把他们看成一堆易燃易爆品，要切实管好火源，如做好本职工作，办事雷厉风行，说话不要太呛，等等，只要我们尽量避免"点火"，领导的暴脾气也就没那么多发作机会了。

（2）控制"火势"

一旦领导擦枪走火，我们千万不能对着干，否则他们的火势会越来越大。这时我们应当控制火势，不让领导的火势蔓延，比如当即承认错误，承担责任等。事实证明，火气大的人，往往是刀子嘴豆腐心，发火快，熄火也快。摸清了这一点，与他们相处并不是什么难事。

（3）掌握"火候"

爱发脾气的人，火气初发时就好像火山爆发，势不可挡，甚至固执己见，蛮不讲理。只图一时痛快，哪管口不择言。虽然他们本身做得不对，但是聪明的下属必须学会把握火候，待领导火气没了的时候再择机进言，或是为自己申辩，或是指出领导经常发火对同事和对工作带来的不利影响，请领导提高素养，遇事冷静、理智，等等。否则不看火候，当即反驳或是不看时机、没有技巧地进言，只会惹火上身，自取其辱。

5. 与没有主见、优柔寡断的上司相处时

上司做事犹豫不决，凡事怕出乱子，缺乏魄力与勇气时，会对我们的工作和前途产生间接的负面影响。如果你不想另投明主，短时间内也无法取而代之，应该采取以下的对策应对之。

（1）充分考虑

优柔寡断的上司也有优点，那就是行事比较稳健，考虑问题比较细致，不莽撞。向他们提建议时，我们不妨细推敲，充分考虑，如果我们的方案没有漏洞，且有很大的实践性，领导就会易于接受。

（2）力求自然

从侧面说，优柔寡断的上司之所以难下决断，就在于他们对心目中的某些想法非常固执，或者说是食之无味、弃之可惜，这时候他们要么强烈地抵触下属的想法，要么沉默不语，总之不会随便附和下属的意见。所以给这样的上司提意见时，要有耐心，方式方法也要求自然，把道理说明，把好处摆到桌面上，这时无须我们多说，也会水到渠成。如果下属急于求成，他们会认为这是一种逼迫，非但不予接受，甚至会对下属怀有报复心理。

（3）争取上司的承诺

某些优柔寡断的上司经常朝令夕改，让下属很被动，甚至因此成了替罪羊。应对这种领导，最有效的办法就是争取让上司在众人面前作出承诺，这样上司即使心生悔意，也会因为担心自己的权威受损，而不敢轻易更改，更不会在众目睽睽之下把责任压到你头上。

（4）多多鼓气

此类上司往往自信心不足，所以在关键时刻，下属应该以委婉的方式激励上司，让他消除疑虑，促使其做出决断，放手一搏。

6. 与自私自利的上司相处时

自私自利的上司习惯于以自我为中心，只知有己，不知有人，往往与下属争名夺利，出问题时又擅长推卸责任。对于此类上司，职业女性应该为长远考虑，暂时按捺住自己的厌恶之情，投其所好，牺牲小利以换取大利。但为防万一，与他们相处时，职业女性还要注意以下几点。

（1）洁身自好

自私是一切罪恶的源头，自私的人，什么事都做得出来。做他们的下属，切忌不要为虎作伥，也许在风平浪静的时候，他会把得到的利益分给你一半，但一旦东窗事发，他就会把你抛出去当替罪羊。而避免这种严重后果的办法只有一个，那就是洁身自好。任何情况下，都不能与之同流合污，否则天网恢恢，疏而不漏，即使上司不把你抛出来，你也逃不脱法律的公道。

（2）选择沉默

如果上司的所作所为实在过分，职业女性可以用沉默来表达无言的抗议。如果上司还算聪明，就会领会你的沉默内涵。即使他不够聪明，至少在你开口之前，上司不会继续对你变本加厉。

（3）谨慎背黑锅

有些时候，我们需要代上司受过。但是自私的上司为了自己的利益，往往要把某些事故责任强加到我们身上，对于一些细枝末节，我们大可一背了之，不去申辩。但是出现以下几种情况时，切忌不要为上司背黑锅。

第一，如果上司所犯错误属于十分重大的恶性事故，造成了较大的经济损失或政治影响，此时非但不能代上司受过，而且应该据理力争，为自己申辩。在重大恶性事故面前，绝不存在情面和技巧问题。如果此时你仍然为顾全上司而把责任揽到自己身上，其结果往往不堪设想。

第二，当上司所犯错误涉及国家法律时，尤其是罪行严重时，也应该毫不客气、实事求是地为自己申辩。此时，如果你还想为上司掩饰，结果只能是害了自己。必须记住一条，在法律面前，谁也不能徇情保护你，所以不要寄希望于上司能"捞"你出来。

第三，如果上司指使其他同事往你身上栽赃，或者其他同事因为对你有意见故意向上司打小报告陷害自己，此时也要毫不客气地为自己申辩，以有力的事实证明自己的清白，并揭露那些心术不正的人。不背黑锅大不了走人，如果委曲求全的话，不仅这次吃了哑巴亏，而且从此背上了"污点"，跳进黄河也洗不清了。

7. 与吹毛求疵的上司相处时

吹毛求疵的上司主要有两类：一类是水平较高的上司，他们认为女下属应该把他交代的一切工作保质保量地干好，因为他总是拿自己的水平要求下属；另一类是嫉妒心强的上司，他们从来不会承认别人的优点，不尊重下属的劳动成果，更不会设身处地地考虑下属的难处，他们认为如果找不出下属的不足，就反衬出自己的水平不高。这两类上司，应该具体情况具体对待，相处时一般可采取以下对策。

（1）明确任务

对于自身能力超强的上司，在接受任务时，不能虚应了事，不看实际情况拍着胸脯"保证完成任务"，我们应该问清楚上司的要求、工作性质、最后完成的期限等等，如果能够完成，应尽量符合他的要求。如果确实有难度，应立即说明原因，避免因此产生误解。

（2）表现忠心

一个上司处处与我们为难，很有可能是担心我们会取而代之。对此原因引起的吹毛求疵，我们应该尽最大的努力使他安心，让他明白自己是一个忠心的下属，自己的未来还得靠他栽培，并用实际行动证明这一点，比如自己主动提出定时向他汇报、任何时候不抢他的风头、受表扬时宣称这是上司领导有方等等，一旦获得他的信任，他便不会对你过分要求了。

（3）多多请教

如果在工作中多多请教上司，便可使他感到我们的成绩中有他的心血和功劳，如此他非但不会屡屡否定你，反而会把你当成榜样为自己造势，转而对你进行肯定和表扬。

女下属与女上司

有一首流行歌曲叫做《女人何苦为难女人》，用在某些职场女性身上可谓再恰当不过。

时下，随着越来越多的女性跻身职场高层，女人管理女人的"女人国"早已不是什么新鲜事。无可否认，女上司身上带有一些不可避免的缺点，比如敏感、多疑、善妒等等，这就使得身为女下属的职场女性，必须学会如何与女上司们和睦相处。下面的例子就是最好的证明。

A公司的小召能力出众，工作出色，不仅经常博得同事的赞许，有几次甚至博得了老总的赞美之词。不仅如此，她人也长得漂亮，总爱把自己打扮得风采出众，常引得周围一片惊艳。然而最近一段时间，小召却非常郁闷，原本对她很亲切的部门王主任现在对她越来越冷淡了。按说王主任也算颇有风姿，四十不到便做到了部门主任，堪称女中豪杰，可她为什么对自己这样呢？小召百思不得其解。直到上个星期，公司全体出动举行一年一度的周年庆贺，酒桌上小召再次出尽风头，在KTV，她更是大秀靓嗓，然而就在她兴冲冲地要唱第三首歌时，在众人的掌声中，她无意中看到了有点受冷落的王主任，她那扭到一边的脸上有着极其明显的不快……

小召的例子，告诉我们：喜欢出风头是女人常犯的毛病，虽无大碍，但是最好不要盖过女上司，因为她们的地位决定了她们要比她的女下属应该更风光一些。也许你会说，我很本分啊，我并没有出位啊！其实如果你能意识到自己有出位的情况，你又怎么会明知故犯呢？也就是说，大多数职场女性的出位都是无意中做出来的。为了让女上司的脸上不再晴转多云，为了不再把她的所作所为归结为"更年期综合征提前"，甚至因此痛

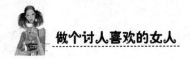

失前程，聪明的职场女性和女上司相处时，要注意以下几点。

1. 开诚布公

女上司往往比较敏感，对事情的真实性判断大多比较准确。不过女上司有时在视野上不够宽广，女下属发现后不要视而不见，更不要藏私，应该适时告诉上司，只要方式恰当，对方非但不会生气，还会感激你。

2. 细心友善

在女上司生日时，送份小礼物以示友情，一定会让她发现你的细心友善。相反，如果在不恰当的时机送礼物给他，或是给男上司送礼物，她们一定会怀疑你另有企图。

3. 注意分寸

相对来说，和女上司相处远不如与男上司相处容易。与她们相处，很多事情都要格外留意，很多同性上下级间可以开的玩笑也不要用在她们身上，否则后果不堪设想，此外还要注意肢体语言不要太丰富，即使她本人的肢体语言比你还多。

4. 出风头的事，让她去做

即使她已经不再鲜艳，但有她在的地方，你必须退下来做她的陪衬，尤其是个美丽的陪衬。否则，你的美丽只能让你为之懊恼。

5. 生活朴素些

所谓"岁月不饶人"，即使你素面朝天，布衣荆钗，也会让那些青春不再的女上司羡慕得要命，如果再穿上色彩出众、款式夺目的鲜艳衣裙，你让她们如何自处？不处处为难你才怪！所以，你可以美丽，但是千万不要罩住女上司的光彩。

社交场合 18 忌

对于职场女性而言，为人处世前要用"反其道而行之"的方式反省一下自己——想要受人欢迎，首先要知道哪些行为最不受人欢迎；想要讨人喜欢，首先要了解哪些举止最讨人厌。以下列举了女性在社交场合切忌出现的 18 种表现，对于想要打造完美形象、在众人心中留下完美印象的你来说，务必谨记。

（1）不要口无遮拦。办公室里最忌口无遮拦，但很多女性往往谈着谈着就谈到了工作以外，甚至于张家长，李家短……这必须引起注意，否则一不小心"讲错话"，往往会给你带来不必要的麻烦。所以，与人谈话必须掌握分寸：该说的一定要说，不该说的绝对不说。

（2）不要过度以自我为中心。不要高傲自大，只知有己、不知有人，也不要一天到晚向别人诉说自己的生活琐事，却从不理会别人的感受和反应。

（3）不要缺乏投入感。在任何社交场合中，悄然独立，既不参与别人的活动，也不主动与别人沟通，不是被人忽略，就是被人们视作冷漠、高傲。

（4）不要过度取悦别人。有些人认为处世智慧就是讨好他人，其实不然，戴高帽和灌迷汤在一定程度上确实有效，但一味滥用，非但不能博得别人的好感，还会让人心生厌恶，或者以为你另有所图而加倍小心。

（5）不要浪费对方的时间。鲁迅先生说，浪费他人的时间等于谋财害命。与他人交往时，务必不要浪费他人的时间，这是尊重他人的最基本表现。另外，千万不要小看迟到这种小事，否则终有一天你会因小失大。

（6）不要在众目睽睽之下涂脂抹粉。有些女性习惯经常补补妆，这无可厚非，但要注意，在大庭广众下扑施脂粉、涂抹口红是非常不雅观、不礼貌的事。如果需要的话，请尽量到洗手间或附近的化妆间去，至少也要找个没人的地方偷偷进行。

（7）不要忸怩忐忑。如果发现有男士经常注视你，你要表现得从容镇静，千万不要忸怩不安，更不要故作忸怩。如果与对方素未谋面，可以有技巧地离开他的视线；如果与对方有过交往，可以自然地上前打个招呼，注意不要过分热情，也不要过分冷淡，否则都会影响风度。

（8）不要唠叨不停。无论是居家生活，还是在职场打拼，女人都应该克服爱唠叨的天性，尤其是在办公室里，最好不要谈那些鸡毛蒜皮的琐事。如果是其他同事主动提起，也应在简单回应后适可而止。

（9）不要过分平静。喜怒不形于色是一种至高境界，但是切忌不要表现得对任何事都漠然，没有任何情绪反应。

（10）不要过分严肃。如果你总是一脸严肃、不苟言笑，不仅会让人觉得难以接近、难以相处，而且这对自己来说也未免有点自欺欺人，毕竟保持严肃非常累人。即使你是一位女领导，也有必要考虑用亲和力去代替严肃的面孔。

（11）不要大煞风景。参加社交活动时，即使你天生内向，外表木讷，或者内心实在悲伤，但拜托一定要带上张可爱的笑脸，哪怕你的亲切是假装的，在这里它也表示着你对他人的尊重。

（12）不要一言不发。在社交场合口若悬河、滔滔不绝固然不好，但是面对他人一言不发也不可取。即使对方是陌生人，但相见即是缘，上前打个招呼，随便聊聊天，都是让双方进一步交往甚至成为莫逆之交的必要前提。

（13）不要经常向别人诉苦。有些女性就像小说中的祥林嫂一样到处诉苦，包括个人的健康问题、经济问题、工作情况等，往往是说起来就没完没了，甚至一把鼻涕一把泪，好像天底下就她不易，就她难。其实，家家有本难念的经，谁也不会以听你诉苦为乐。时间一长，人们也会像躲着祥林嫂那样躲着你。

（14）不要说长道短。即便你生得再美，能力再强，但是一旦被认定为"长舌妇"，必定会惹人反感，因为人们都害怕有朝一日成为你"口诛"的对象。所以，职场女性切忌说长道短、揭人隐私，否则一旦这样的名声传扬出去，人们就会对你敬而远之了。

（15）不要侃侃而谈。如果有男士与你攀谈，你必须在保证有礼貌的基础上保持必要的矜持，简单回答几句即可，千万不要表现得如遇知音似的侃侃而谈、无休无止。更不要忙不迭地向人汇报自己的身世，或者盘查对方的户口，否则不是把对方吓跑，就是被视作长舌妇人。

（16）不要耳语。耳语是很多女性尤其是年轻女孩与闺密交谈时的独有方式，但是作为职业女性，尤其不宜在众目睽睽之下与同伴耳语，否则会被视为不信任在场人士所采取的防范措施。另一方面，这也是没有教养、不尊重在场人士的表现。

（17）不要失声大笑。失声大笑一向被人视为没有教养的行为。为此，即使是听到足以"惊天动地"的趣事，也不要在社交场合前仰后合地哈哈大笑，更不要在别人犯错或者出丑时笑出声来，否则即便不被人记恨，也是另一种程度上的贻笑大方了。

（18）不要反应过激。有些女性受到刺激时往往不能自制，语气浮夸粗俗，满口俚语粗言，甚至歇斯底里，状如泼妇。这样一来，即使你非常值得同情，即使你最终能够获胜，但是你在人们心中的形象已经大打折扣、无法挽回了。

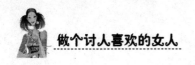

难得糊涂

孔子说："水至清则无鱼，人至察则无徒"，无论是谁，如果沦落到了没有朋友的地步，无疑都是一种悲哀。所以在日常生活中，女性朋友们应该练就一双明察秋毫的慧眼，但是在必要的时候，还要学会睁一只眼闭一只眼，难得糊涂一把。如其不然，雪亮的眼睛非但于你的生活和事业无益，反而会招致许多不必要的烦恼。

美国哈佛大学的罗宾森教授说："受自尊心影响，人们总是习惯使用'我的'这两个字，比如我的房子、我的车、我的狗、我的国家、我的上帝等等。但是人们不喜欢说我的表不准、我的车子太破旧、我的素质太低等等，更讨厌别人纠正我们说过的一些常识性错误。我们宁愿相信我们以往惯于相信的事情，如果我们相信的事情遭到了怀疑，我们就会找尽借口为自己辩护。"

罗宾森还说："人们有时候会很自然地改变自己的想法，但是如果有人说他错了，他就会很恼火，更加固执己见。人们有时候也会毫无根据地形成自己的想法，如果有人不同意他的想法，不仅反对无效，反而会使他更加全心全意去维护自己的信念。这倒不是因为那些想法本身有多么珍贵，而是因为他的自尊心受到了威胁。"

戴尔·卡耐基也曾有过一段类似的经历：

有一次，卡耐基请一位室内设计师为他的新房安装了几套窗帘。后来看到账单，他大吃一惊，因为费用之高远远超出了他的计划。

过了几天，一个朋友来看他，问起窗帘的价格，也大吃一惊，并且叫道："什么？他实在太过分了！戴尔，你被他骗了！"

卡耐基被骗了吗？是的，他确实吃了些亏。可是有谁愿意听别人说自己的判断力有问题呢？他立即为自己辩护道："好货总有好货的价钱，你看看清楚，这可是最高档的材料呢！"

又过了几天，另一个朋友来看他，看到那些窗帘，他一个劲地称赞，并且说如果自己能够负担得起，也希望在自己家里布置上这样的窗帘。这一次，卡耐基的反应不一样了，他说："说实话，价钱太高了我也负担不起，我很后悔订了这些窗帘。"话虽如此，但是当时他的心里是非常自豪的，为了那些昂贵的窗帘和他的坦率。

成功学大师尚且为了朋友的几句评语或恼或喜，诸如我等凡夫俗女，遇到类似事情时反应无疑会更加激烈。所以，遇到类似情况时，我们最好睁一只眼闭一只眼，假装没看见或者不懂行，或者只看好的一面，自然也就避免了相应的麻烦。

有时候，对于职场女性而言，睁一只眼闭一只眼还是一种必要的明哲保身之道。如果眼里丝毫不揉沙子，尤其是在一些细枝末节上不依不饶、吹毛求疵，到头来无疑是自讨苦吃。

2009年年初，"指点江山"咨询服务公司经过研究决定，准备开发一套立足中国本土的、有独立知识产权的培训教材。为确保万无一失，总经理还高薪挖来了业内高手汪苇，任命她为全权负责人。

然而汪苇的表现却让他大失所望。原来汪苇是个完美主义者，有时甚至达到了吹毛求疵的地步。比如需要一个数据，本来打个电话查询一下就可以了，但她却非要派人到实地调查。另外，汪苇缺乏合作精神和容人之量，两个新招来的策划编辑被她气跑了一双，五个老员工也对她意见极大，公司里火药味极浓。

总经理看在眼里，急在心上，私下里找她谈了好几次，劝她以公司为重，培训材料嘛，差不多就行了，又不是字典，还让她发扬风格，多与下属沟通。汪苇答应的很好，但是一到劲上，她就把总经理的话忘到了爪哇，依然我行我素。为此，总经理召开了一次全体会议，强调形势逼人，委婉地敦促汪苇提高效率，搞好人际关系，汪苇却认定自己的辛苦没得到肯定，伤了自尊，当即如同火山爆发，拍案而起，还把茶杯摔了，话里话外把公司形容成了一个没有人性的冷血公司……

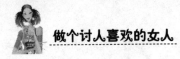

经此一役，总经理威信扫地。但考虑到汪苹确实是行业内少有的人才，总经理最终决定，让她暂时停职反省，不久后再给她"平反昭雪"，为此总经理还专门找了一个能说会道的副总专门和她谈话，但她哪里受得了如此"屈辱"，第二天便离开了公司。

现实生活中，像汪苹这样眼里揉不进沙子、宁为玉碎、不为瓦全的女性不在少数。她们或许真的很优秀，某些方面也真的值得我们敬佩，但是在纷繁琐碎的世事中，我们真的有必要每件事情都保持绝对的清醒吗？我们真的有必要对每件事情都精益求精吗？更有甚者，某些人某些事的失败，只不过是因为看到了不该看的事，说了一句无心的话……和汪苹相比，她们岂不是更冤枉、更不值？也许我们真的应该用一种复杂的眼光重新审视这个世界。

不抠门，不贪心

算计是个很抽象的词语，简单来说就是计算着做事或做人。老人们常说，"过日子要精打细算"，说的就是这个意思。居家过日子，算计着过，细水长流，这值得提倡；在社会上走动，多长个心眼，做到"防人之心不可无"，也无可厚非。但是，你可千万别算计得太精确。否则的话，最后的结果肯定像亚伯拉罕·林肯所说的那样——你可以"算计"某些人一世，也可以"算计"所有人一时，但你绝不能永远"算计"所有人。更何况，你算计别人，别人也会算计你。当身边的人共同算计你的时候，等待你的也只能是又气又恨。

最近一段时间，辛兰非常郁闷。究其原因，就在于她在竞争部门经理一职上遭遇了滑铁卢，而且对手的能力远不如她。

按照辛兰的预计，自己升任部门经理简直就是板上钉钉。首先，她是销售部的得力干将，工作业绩有目共睹，而且经常拿奖金，深得前任部门经理之心。另外，前不久部门经理高升时还曾直接向上级部门推荐过她，这既是辛兰的得意之处，也是造成她郁闷的根源。

原来，和众多公司一样，上级部门在准备任命之前，对辛兰所在的部门搞了一次民意测验，其中提到最多的就是辛兰，但是令领导失望的是，几乎所有同事都说辛兰既孤傲又自私。最终的结果就是，一个工作业绩远不如辛兰但人缘极好的同事周岚登上了部门经理的位子。

那么，辛兰为什么不受欢迎呢？这还要从她的工作业绩说起。原来，辛兰不仅工作能力非常突出，而且农村出身的她非常能吃苦，因此经常被评为优秀员工，数次获得精神及物质奖励。在很多公司，同事获得奖金时都有请客的惯例，辛兰所在的公司也不例外。有一次，辛兰得了一笔高达

4 位数的提成加奖金，一个同事吵着要她请大家到饭馆撮一顿。但是农村出身的辛兰觉得有点舍不得，再说她认为这是自己的劳动所得，请不请在自己，所以就推说有事，后来就一拖再拖，自己也淡忘了。这样一来，不但得罪了那个提议的同事，整个部门的同事都对她有了看法。

更让大家不满的是，辛兰在每次开会时都积极发言，其内容却不外乎某某不行，自己很棒，并把自己的功劳刻意夸大，对同事们的帮助和配合只字不提。最终，她引起了全部门的公愤，而她的竞争对手周岚却恰恰相反，虽然他业绩平平，但是此君擅长打人情牌，全部门上下都吃过他喝过他，没有人不是他的朋友。因此在民意测验时，很多同事都在否决辛兰的同时"推出"了周岚。

辛兰的缺点其实也没什么大不了，事实也确实像她自己说的那样——我自己的劳动所得，请不请在自己。但是因为舍不得一顿饭钱，到最后招致所有同事的公愤，以致与晋升失之交臂，这中间到底哪头轻哪头重呢？

由此可见，算计可以，但是不能锱铢必较，否则就会给人留下自私、抠门等不良印象，从而影响我们的人际关系，最终影响我们的事业和生活。

辛兰的失败正应了"因小失大"这句老话，但是相对来说，她的算计水平远未达到算计的最高境界。所谓算计的最高境界，就是只算计别人，不算计自己，下面故事中的龙小君就是一个精于算计的高手。然而有所得必有所失，过于算计的结果，永远都是得不偿失。

龙小君来自甘肃，由于家里太穷，她勉强读到了高中毕业。刚到北京时，由于学历太低，普通话也说不好，她连一个当保姆的工作都找不到，每天只能在潮湿、阴暗的地下室里哀叹苍天不公。

好在天无绝人之路，就在她拖着行李准备返回老家时，在火车站，她无意中结识了一个老乡。老乡在一家外企上班，对她的遭遇非常同情，见她人还踏实，决定帮她一把。几天后，老乡让她免费住进了自家地下室里，还好说歹说把她安插进了一个朋友的文化公司，每天的工作也就是帮人扫扫描，取送一下书稿之类，愿意的话还可以学习一些排版知识，月薪先从 1500 元起，以后看情况酌情增加。这下子，朝不保夕的龙小君一跃成了朝九晚五的上班族，让她不亦乐乎。

可是好景不长，龙小君却心理不平衡起来，因为她了解到，公司里跟她干同样工作的员工们都比她拿的工资多，有的甚至比她高一倍。为此，她经常在老乡面前抱怨公司待他不公。老乡劝她学会知足常乐，脚踏实地，等自己能力提高了自然就会涨工资。可是龙小君却认定老板看不起她，就缠着老乡给老板打"招呼"。老乡不帮她，她就抱怨连连。最后搞得老乡烦不胜烦，一气之下和她断绝了来往，并让她搬出了地下室。不久后，由于她没有自知之明，居然亲自向老板提出加薪，结果被老板炒了鱿鱼，而她学的那些知识到哪里都混不开，最后不得不踏上了回家的列车。

按照龙小君的条件，能够成为一个上班族，已经是非常幸运了，但她却总是缠着老乡，认为老乡就应该无条件帮忙，老板就应该一碗水端平，给别人多少钱也得给她多少钱。有句老话叫"人心不足蛇吞象"，说的就是龙小君这种人。

当然了，生活中还不乏一些为了利益算计规则、算计法律的人，其中有部分人赚取了不少黑心钱并洋洋得意，但是"天网恢恢、疏而不漏"，机关算尽，反误了卿卿性命。女性朋友们，一定要时刻谨记。

第四章

魅力女人交际法则

在人际关系决定工作、事业、生活乃至一切的现实社会中，女人们必须掌握游刃有余的交际法则，才能使自己左右逢源，处处讨人喜欢。如果把社交比作一场盛宴，那么你应该尽量使自己成为这盛宴的主角，让宴会上的每一个人都喜欢自己。

赠人金银不如给人面子

人们常说"人要脸，树要皮"，这里的"脸"，就是俗话说的"面子"，其实质则是人的自尊心。

人们为什么会有爱面子的心理呢？心理学家指出，在人际交往过程中，由于天性使然，每个人都希望给他人留下良好的个人印象，因此人们会表现出相对平时更为强烈的自尊心。当他们遭遇窘境甚至误入歧途时，其自尊心就会严重受挫，并变得异常敏感，如果这时候又有人使其下不了台，就会引起他们最为强烈的反感，甚至仇视心理。没有面子，有些人甚至会痛不欲生，比如不肯过江东的项羽，就是"死要面子"的代表。所以，在职场打拼，与同事、上司、客户等人打交道时，我们要时时处处考虑对方的面子。保住他们的面子，须从以下方面做起。

1. 不扫对方的兴致

对方正在兴头上，你却不看时机、不讲技巧地站出来冷嘲热讽或是给其当头一棒，这无疑是当众给他泼凉水，会让对方觉得很没面子。即使对方涵养很好，不当场发作，但是也破坏了彼此之间的感情。

2. 不当众批评和指责

如果有意见或者建议，千万不要在众人面前批评或指责，否则会伤了对方的自尊心。最好的办法是，私底下用委婉的方式提出，这样对方非但不会生气，还会发自内心地感激你。

3. 不揭对方的短处或隐私

俗话说，打人不打脸，说话不揭短。在人际交往中，不到万不得已时，我们应该尽量避免提及他人的缺点，当着矬人别说短话，说的就是这

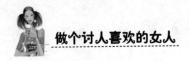

个意思。

此外，我们还应该尽量对他人的某些隐私给予保护。毫无疑问，任何人都有其私密空间，而且是不容侵犯的。一旦这些隐私被"曝光"，人们往往会感到非常难堪，甚至怒不可遏。因此，在人际交往中，我们一定要尽量避免踏入这一雷区，必须要提及时，我们也应采用暗示的方法，对其点到为止，绝对不能过分，以免惹火烧身。

4. 不张扬对方的失误

所谓"金无足赤，人无完人"，对于对方的失误，我们应该予以理解，不仅没有必要对此大加张扬，搞得天下皆知，也不能对别人的过失讥讽、嘲笑，随时拿出来当笑柄。我们应该做的，是善意的提醒，使对方意识到自己的失误，或者帮助对方如何避免这类情况的发生。这样一来，我们必将赢得对方的好感。

5. 不在人前逞能

在他人面前趾高气扬地逞能逞威风，就意味着你瞧不起他们，那样一来，无论你有没有真本事、真成绩，都会让对方觉得很没面子，进而鄙视或嫉恨于你。

6. 不"得理不饶人"

俗话说，得饶人处且饶人，尤其是一些无关紧要的小事，我们完全没有必要得理不让人，使对方走投无路，这样只会让对方心情不爽，甚至对你怀恨在心。正如有经验的棋手总会不露声色地故意输给对方几盘一样，我们在必要的时候也不妨故意认输几次，或者在别人认输时说一声承让。这样的话，对方也一定会明白我们的良苦用心，双方的友谊自然有增无减。相反，如果一味地抓住对方的小辫子不放，不仅会引起对方的不快，甚至会逼得对方作"垂死挣扎"，到头来只能是鱼死网破，两败俱伤。

7. 对方受批评时尽量回避

工作中经常会遇到一些令人尴尬的事情，比如上司当着众人训斥和批评同事，而我们又不能回避时。身在职场，上司得罪不起，同事也不能得罪，

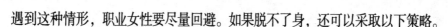

遇到这种情形，职业女性要尽量回避。如果脱不了身，还可以采取以下策略。

（1）过一段时间去安慰同事

同事受批评后给予必要的安慰，可以增进双方的友谊，但是切记不要立即去安慰他，操之过急反而会使同事误解，认为你是在看他的笑话。如果过一段时间再去安慰他，就可以避免这种负面影响。

（2）向领导委婉地说明同事的优点

在适宜的情况下，可以在领导面前委婉地说明同事的优点，比如敬业、有合作精神等，这样就在暗地里照顾了同事的面子。如果失误是在你和同事合作时造成的，即使责任全在同事，你也应该有承担部分责任的勇气，并向领导委婉说明同事的优点。这样处理，不仅同事会谅解和感激你，领导也会认为你很有责任心和集体感，从而更加欣赏你。

当然了，仅仅不伤害他人的面子，还只是人际交往的初级阶段，只有善于给他人提供台阶的人，才会最大程度地收获人脉。因此在人际交往中，我们还要注意解救那些被人逼得走投无路的人，使其重新建立自信，对方也一定会心存感激，日后必定会成为我们的新朋友。

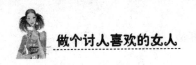

4 种方式了解一个人

知彼知己，百战不殆。在与一个人开展交际之前，首先必须了解他。只要了解了对方的人格、性格、办事能力以及为人处世的方式，就等于找到了与这个人打交道的办法。

一般来说，与人交往之前，可运用以下 4 种方式对其进行具体考量。

1. 以自己的感觉为依据

自己的感觉是最可靠的，唯有自己的感觉不会欺骗自己，所以评价一个人怎么样，不能听信别人，更不能人云亦云。当然，当你所要接近的人众所周知声名狼藉时，你必须加强小心，以免受害。

2. 重在表现，既要听其言，更要观其行

生活中不乏口是心非的人，如果只听其夸夸之谈，显然会被其误导。只有行动，才能暴露一个人的本质。也只有经过对其具体行动的考量，我们才能够对他作出一个大致的评价。具体考量时，需从以下几个方面入手。

（1）在关键时刻或者危急时刻了解他，以便我们看清他的性格、个性以及人品。

（2）通过他的工作了解他，可以判断出他的工作能力、业务水平和敬业程度。

（3）通过其他人了解他，可以判断出他在人群中的形象、地位以及前途。

（4）通过他与别人的人际关系处理得好坏了解他，可以判断出他在处理人际关系方面的能力。

（5）在是非中了解他，可以清楚地了解他的人格。

3. 确立自己个人的分类标准

一般来说，女性朋友们可以把周围的人按照性格特征来分类，或者按照人品来分类。让他们一一对号入座，你心中就有了一个大致的交往之道，比如老张很踏实，应该多交往；小陈工作散漫，还喜欢说同事的坏话，要跟他保持距离；等等。

4. 长期观察，随时调整

人是极其复杂的动物，而且很多人都有多重人格面具，因而想一次性了解透彻一个人极不现实。了解一个人，需要长期观察，如果分类有误，还应随时调整。如果因此伤害了别人，还要立即向对方道歉。

察言观色30招

古人云："世事洞明皆学问，人情练达即文章。"那么如何才能洞明世事，练达人情呢？至少要掌握察言观色这一基本技巧。不会察言观色，就好像不看风向水流便去转动舵柄，不仅世事圆融无从谈起，弄不好还会在小河沟中翻了船。反之，如果能够准确窥知到对方的真实意图，并做到有的放矢、随机应变，无疑会让职业女性在说话办事时更加顺利。

"察言观色"可以细分为"察言"和"观色"两大部分。其中"察言"是指通过对方的言谈了解其性格、品质、情绪及其内心世界，从而摸透对方的心思。而"观色"，则是指通过对上司脸色、眼色，乃至其坐姿、手势等窥知其内心世界。比如：

（1）对方始终保持正襟危坐，眼睛一直注视着我们时，多半表示他在认真倾听；如果他视线散乱、身体不停地倾斜或乱动，则代表他心情厌烦，根本不想再听下去。

（2）对方语速变得迟缓，甚至稍有木讷的感觉，往往表示其心怀不满，或者持有敌对态度；如果对方语速突然加快，一般表示他们有愧于心或是在说谎。

（3）对方突然提高了说话的音调时，多半表示他与你意见相左，想通过大嗓门压倒我们。如果对方说话时有意地抑扬顿挫，试图制造一种与众不同的效果，那么他不是"图谋不轨"，就是想要吸引别人的注意力，自我表现一番。

（4）经常使用"我"的人，独立心和自主性强；经常使用"我们"的人，多见于缺乏个性、埋没于集体中、随声附和型的人。

（5）说话时经常使用一些晦涩难懂的词和外语的人，并不见得有多高明，其实那些人多是将词语作为掩饰自己内心弱点的盾牌。

（6）一个人说到自己时"只说长脸的，不说现眼的"，没完没了，甚至让人如坠云雾之中，其实这种情形倒反映出他们的自卑意识，他们口若悬河，不过是在掩饰他们的自卑。

（7）如果对方听你说话时眼神不时上扬，那一般表示他不予认同，甚至于不屑听你说。

（8）如果双方交谈时对方眼神下垂，甚至连头都耷拉了，一般表示对方心有重忧，万分苦恼。

（9）如果对方眼神凝定，一般可以认定为对方愿意听你继续说下去，只要你能说得完满，方案切实可行，对方就愿意接受。

（10）如果对方眼神恬静，面有笑意，一定表示他对某事和某人也包括正在诉说的你非常满意。如果有所求的话，这时候是最好的时机。

（11）如果对方眼神"发火"，甚至目露凶光，表示他已经非常愤怒，意气极盛，此时应该根据情况，或者与之决裂，分道扬镳，或者暂时退让，再谋转机。但无论如何，都要尽量避免与之发生正面剧烈冲突。

（12）如果对方眼神流动异于平常，极有可能是在预谋一些阴谋诡计，想让你尝尝苦头，此时千万不要轻信他。

（13）如果对方眼神阴沉，面带暴虐之气，应该明白这是凶狠的信号，进一步交涉时要小心一点。如果还没准备好与他见个高低上下，那么最好从速收兵，再图良策。

（14）如果对方眼神散乱，颦眉咧嘴，多半表示他毫无办法，无能为力。

（15）如果对方眼神呆滞，嘴唇泛白，可以断定对方已经是惊弓之鸟，惶恐万状。

（16）如果对方眼神横射，甚至眼白皆露，这直接意味着对方对你非常冷淡，如果没有什么撒手锏的话，一些不能改变现状的话还是少说为妙，从速退出才是最明智的举动。

（17）对方把手握成拳头，表示他们要维护自己的观点，或者他们想吓唬我们。如果对方拳头敲击桌子，则表示不想让我们继续说话。

（18）对方手指并拢，双手构成金字塔状，指尖对着我们时，表示他们要坚定地驳回我们的意见。

（19）对方轻拍我们的肩膀，一般表示对我们认可或赏识。需要注意的是，只有对方从侧面拍你的肩膀时，才表示真正地认可或赏识你。如果是上司从正面或上面拍你的肩膀，则表示他小看你，或者说他是在向你显示权力。

（20）对方双手放在身后互握，是一种优越感的表现，有时候也表明他们很轻松。

（21）对方的食指伸出指向我们，是一种赤裸裸的优越感和好斗心，或者说是严厉的指责。

（22）对方说话时不抬头、不看人、爱搭不理，这表明他非常轻视我们。

（23）对方从上往下看人时，也是一种优越感的表现方式，这种人一般好支配人、高傲且自负。

（24）对方表情严肃、目光锐利，是权力、冷漠无情和优越感的显示，同时也是在向我们示意——别想骗我，你的心思我一眼就能看透。

（25）对方坐在那里，偶尔向上扫一眼，与我们的目光相遇后又朝下看，反复多次时，可以肯定对方对我们没有把握或对某些具体情况吃不准。

（26）对方久久地盯着我们看，表示他在等待更多的信息，不敢贸然下结论。

（27）对方友好、坦率地看着我们，甚至对我们眨眼睛、会意地点点头，一般表示他们非常认可我们、喜欢我们。

（28）对方歪着脑袋，眼睛似看非看，并且不时地微微点头，这种表情通常出现在那些要求下属绝对服从的上司身上。当他恢复正常表情时，往往表明他们已经想好了办法。

（29）对方坐在椅子上，身体靠在椅背上，双手放在脑后，双肘向外撑开，一般表明他们此时很轻松，但也可能是自负的表现。

（30）对方双手叉腰，肘关节向外撑起，这往往是喜欢发号施令的上司遇到具体权力问题时所做的姿势，它的意思是：听我的，我是头儿！

　　当然，有关察言观色的具体内容还有很多，而且某些上司甚至能表现得不露声色，这就需要我们更加细心地去品位、推断上司的真实意图，并结合其他因素综合把握，具体情况具体对待。只要你是一个有心人，就一定会逐渐拥有这种察言观色的能力。

职场礼仪原则和常识

礼仪通常是指人们在社会交往中普遍认可并遵守的行为规范或准则。有道是"礼多人不怪"，一个有礼貌的人，走到哪里都会大受欢迎。只要我们能够掌握并熟练运用社交礼仪，我们也必然会受到人们的欢迎。

中国素有"礼仪之邦"的美称，在古代中国，礼仪所涉及的范围十分广泛，几乎渗透于社会的方方面面。上下五千年，好礼、有礼、注重礼仪一直都是国人立身处世的重要美德。

社会发展到今天，那些旨在维护封建等级制度的礼仪，尤其是那些落后的繁文缛节，作为封建社会的糟粕，早就被世人所抛弃。我们所说的礼仪，已体现出现代意义。时至今日，礼仪更多地表现为一个人待人接物是否有礼节等方面。每个职业女性，都应该通过礼仪修炼让自己变得更彬彬有礼一些。一般来说，在具体运用尤其是在工作场合中运用各种礼仪时，职场女性必须遵循以下基本原则。

1. 礼仪的系统原则

经过数千年的发展，礼仪早已发展成为一个包罗万象且系统完整的独特体系，因而在为人处世过程中，我们必须高度关注其整体性，在分析相关信息时应完整、全面，以便对交往对象施以恰到好处的礼仪，从而赢得他人的好感，促进自己的人脉和事业。

2. 公平对等原则

古人的"投桃报李"、"礼尚往来"之说都是礼仪公平对等原则的具体体现。毫无疑问，从古至今，在社会交往过程中，任何人都希望得到他人的尊重，傲慢、冷漠等等无疑都是无礼的代称。因此，我们在社会交往中应遵循公平大方、不卑不亢、主动友好、热情又有所节制的原则。

3. 尊重习俗原则与风俗禁忌原则

俗话说得好，"五里不同风，十里不同俗"，因此我们应该"到什么山唱什么歌"，做到"进门见礼，出门问忌"，对于不同的交往对象要具体对待，尤其是对于不同民族、不同国家的交往对象，我们更应该做到有的放矢，从而避免因不了解风俗禁忌造成的不愉快。

4. 和谐适度原则

使用礼仪时，我们还必须根据具体情况通盘考虑，做到因人、因事、因时、因地制宜，如在涉外交际中应遵循西方社会的女士优先原则等等。

除了掌握以上原则以外，职业女性还应该掌握一些办公室礼仪常识，比如：

1. 使用礼貌用语

在工作中，我们需要掌握的礼貌用语其实非常简单，即通常所说的礼貌用语三板斧——"请"、"谢谢"、"对不起"。

（1）请

在欧美等国，在需要他人帮助或妨碍到他人的时候，"请"字都是必须的礼貌用语。如"请问"、"请留步"、"请原谅"、"请慢行"、"请稍候"、"请让一下"，等等，日本的"请多多关照"更是世人皆知。交往时"请"字当先，会使我们的话语变得委婉而礼貌，容易为人接受。

（2）谢谢

无论他人给予我们的帮助是多么的微不足道，我们都应该真诚地说声"谢谢"。经常说声"谢谢"，不仅会使我们的语言充满魅力，还会使对方倍感温暖，从而愿意与我们交往。即使是夫妻、父子等亲密关系，经常使用谢谢也不失为一种增进双方感情、促进家庭和谐的不二法门。需要注意的是，道谢时我们需要留意对方的反应。如果对方对我们的感谢感到茫然时，我们还应使用简洁的语言向对方说明致谢的原因，使对方释疑。

(3) 对不起

人非圣贤，孰能无过？在工作中，我们难免会给他人带来一些伤害或麻烦，除了对自己的行为负责，对他人进行必要的补偿外，我们还要学会向对方真诚地道歉，这时候"对不起"这一礼貌用语就显得非常重要。一声真诚的"对不起"或"抱歉"，往往能缓和对方因自己造成的不快。另外，道歉时切忌辩解，这容易让人认为是在推脱责任。同时我们还要注意道歉应及时，犹豫不决只会让人误解。

2. 树立端庄、整洁的个人形象

如果单位要求统一着装，那么上班时间应尽量穿工作服。如果没有，上班时的着装要美观大方，不能过于夺目和暴露，也不要浓妆艳抹，把自己打扮得分外妖娆、魅力四射，反而会产生很多负面效应。

3. "六不、四要"

所谓"六不"，是指：

(1) 不打听、探究别人隐私；

(2) 不要诿过给同事；

(3) 不干私活；

(4) 不谈论个人薪金；

(5) 不对他人评头论足；

(6) 不接听私人电话。

"四要"是指：

(1) 办公室来人要接待；

(2) 办公室卫生要主动搞；

(3) 同事见面要问好；

(4) 个人桌面要整洁。

4. 其他

这里所说的"其他"，指的是一些虽不成文但被大多数职场人士所遵循的礼仪细节，具体说来包括以下内容：

(1) 不虚耗别人的时间；

（2）不烦扰上司；

（3）干工作或约定守时、准时；

（4）打电话不占线，长话短说，公事公说。有电话找同事时，要热情招呼，同事不在场时，要帮她记下口信，而不是简单地答复"她不在"；

（5）别人发表意见时不插话，如非必要别打断同事间的对话；

（6）向同事借钱或借物后要及时归还，损坏时要及时赔偿，即使是公司内部用品；

（7）无论是使用公用的办公桌、厨房，还是洗手间、浴室，用完后都应该保证整洁；如果出了状况（比如马桶堵了），要及时修复或者上报；

（8）虽然同事之间长期同处一室，但是任何时候都要记得尊重别人的私人空间。比如不私动他人的物品、文件，甚至于不坐他人的坐椅。进入领导办公室或其他办公室时，要谨记先敲门再进入。

小细节成就完美形象

　　许多女性生得秀丽俊美，穿着也时髦漂亮，但却往往由于一些细节问题使其魅力大打折扣，甚至因此令人心生厌恶、大倒胃口。那么，影响我们完美形象的细节都有哪些呢？在职场交际中，我们又应该怎么做呢？

　　确切地说，能够对我们的整体形象产生影响的细节数不胜数，但是"万变不离其宗"，只要我们能够在生活、工作中时时注意、处处留心，相信我们的整体形象定会日益完美。一般说来，我们最应该注意的细节主要有以下内容。

　　（1）无论何时何地，我们都应该保持清洁，尤其是面部清洁。通常情况下，我们看一个人，首先是看她的脸。美丑是天生的，但清洁却是自己掌握的。肯定地说，没有人会喜欢一个一天到晚脸上脏兮兮的女人，即使她天生丽质。

　　（2）为了给他人留下良好的印象，女性朋友在出门前有必要化妆，如果妆容有损的话还应随时补妆，但切忌妆容过于浓艳或太过夸张，以免引人反感。

　　（3）在人际交往中，头发是否干净、发型是否得体，也会影响他人对我们的看法。即使你再优秀，如果你的头发肮脏或者蓬乱，也会使人心生厌恶；而清洁的头发、得体的发型却能够使人感到轻松，人们自然乐意与你交往。对于留长发的女性，最好随身携带梳子等美发用品。

　　（4）在形象建设方面，服装占有一定的比例。得体的着装，会为自己赢得不少的印象分，而不合体的着装，或者肮脏、破损的衣服无疑会让所有人敬而远之。因此，在保证衣服合体、清洁的基础上，我们随时随地都要注意有关着装方面的细节，如衣角是不是平展、内衣有没有外露、扣子有没有扣错等等。

（5）在选择鞋子时，要尽量与我们所穿的服装相搭配，以便最大程度地体现我们的自信和优雅。当然鞋子太臭、太脏都是穿鞋的禁忌。

（6）对于自己的第二张脸——手，每个人都应该经常清洗，这不仅是保证身体健康的前提，也是人际交往的重点。手上脏污、指甲含垢，都会让人心中不快。

（7）必须每天刷牙，以保证口气清新和身体健康，出门前最好检查牙齿，牙缝中有食物残渣或当着人剔牙，任何人都难以接受。如果需要的话，可以重新刷牙。如果有条件，午饭后也应刷牙。如果参加正式活动，尽量不吃大蒜、洋葱等异味食物，随身携带口香糖，时刻保持口气清新。

（8）在人群中，应尽量避免咳嗽、打喷嚏、打嗝、打哈欠等动作，来不及避免时必须侧身掩面。

（9）在公共场合要慎重用手，搔头发、掏耳朵、抠鼻孔、剔牙齿、擦眼睛、抓痒都是不雅观的动作，而且很容易影响身体健康。如果非要用手不可，可到洗手间或其他隐蔽场所处理。

（10）走出洗手间前，要妥善整理完毕，边走边整衣服、边走边甩水等动作都是没有教养的表现。

（11）在公共场合大呼小叫、嬉戏打闹都是极不文明的行为，即使是接听手机，也应尽量不影响他人。

（12）不要对他人指指点点，不能对他人品头论足。看到别人有困难，应主动上前帮助；接受他人帮助时，应诚恳道谢；对他人造成妨碍时，应诚恳道歉。

（13）不要在饭桌上谈论别人的私生活，或者大谈特谈自己的罗曼史，尤其不要在感情失意的同事面前谈自己正情场得意。

（14）说话不能太随便，也不能故作深沉一言不发，更不要忸怩造作，或在电话中发脾气、使性子。

（15）站有站相，坐有坐样，穿着短裙、短裤时不要半躺在沙发或坐

椅上，更不要两腿叉开；对于面料太薄、容易春光外泄的衣装，最好还是不要穿到公共场合。

（16）去餐厅吃饭时要随和一点，不要把侍者支使得团团转，甚至呵斥服务员。如果觉得菜肴不太满意，也不要高声评论、百般挑剔。吃东西时要注意吃相，尽量不要把餐桌污染得无法收拾。而借酒发疯、烂醉如泥，以及用桌布擦皮鞋等，都是令人不齿的行为。

练就一双会说话的眼睛

　　眼睛是心灵的窗口，目光则是人类的特殊语言。人们在形容一个女子的眼睛有魅力时，往往称其有一双会说话的眼睛。所以，一个合格的职场女性，尤其是机关公务员和商业服务人员，在工作中首先应学会准确、恰当地运用目光，以便营造一种轻松愉快的工作氛围或营业氛围，从而提高自己的形象和公司效益。

　　正确使用目光，必须掌握相关知识和要领。一般来说，包括以下内容。

　　如果你想树立良好的交际形象，那么你的目光应该自然、平和、礼貌、友好。与人交谈时，不要紧盯对方的眼睛，也不要聚焦于对方脸上某一部位，更不要左顾右盼、上下打量、挤眉弄眼，或者斜视、瞟视、瞥视，等等。

　　目光是一种无声的语言，有其特定的含义。通常情况下，目光正视表示尊重，目光斜视表示轻蔑，目光仰视表示思考，目光俯视则表示害羞、胆怯或悔恨。如果对方的目光自下而上注视你，是在表示询问；反之当对方的目光自上而下看着你时，表明对方在注意听你讲话；对方的目光热情洋溢，表示友好和善意；对方的目光明亮欢快，则展现出一个人的胸怀坦荡与乐观；对方的目光深邃犀利，会给人以智慧和启迪的联想；对方的目光轻蔑傲慢，言下之意是拒我们于千里之外；对方的目光阴险狡黠，你一定要注意不能上他的当；对方的目光含情脉脉，必定是在传递爱的信息；等等。

　　不过，受文化背景不同的影响，世界上很多民族有着不同的目光礼节。比如美国人在交谈中习惯于看着对方的眼睛，同时也"要求"对方看着他们的眼睛，否则就会被视为失礼。也因此，很多美国人与中国人交谈时，都可能会误认为中国人内心紧张或者缺乏自信，而中国人则认为美国人的目光有些放肆。所以，在类似的场合，还应具体情况具体对待。

此外，在具体运用时，还要注意以下细节：

（1）先用目光向对方致意。双方见面，首先应该报以亲切热情的目光，并配合额首等动作。距离对方较远或者处在人声嘈杂的场合时，这种注目礼尤其适用。

（2）善于捕捉对方的目光。与人交谈，要善于听其弦外之音，善于从对方的眼神中看出其期待和需求，及时给予。如果对方的要求无理，也应立即采取或明或暗的措施，打消他们的念头。

（3）注意凝视的部位。与人交谈时应正面凝视对方的眼睛及面部，目光宜柔和，凝视时间不宜过长，可在交谈过程中不时地稍微移动一下目光，但移动次数同样不宜过多。另外，根据交往对象的不同，凝视的部位也应稍有区别。比如，洽谈业务时应凝视对方脸部上三角部位，这样可以显得严肃、认真，有利于把握谈话的主动权和控制权，对方也会感到你对此次谈判很有诚意；而参加诸如舞会、晚宴等一般聚会时，就应该凝视对方脸部的中三角部位，既可使对方感受到你的亲切，也能让人体会到你的随和，不会因你紧盯对方双眼而显得局促紧张。

（4）视线要与对方保持相应的高度。对话过程中，要尽量使自己的目光和对方正视，这样可以显得更有礼貌、更加诚恳，从而引起对方的好感。比如当你站着和坐着的对象说话时，应该稍微弯下身子，以求拉平视线；和小孩对话时，则应该蹲下使视线和小孩的眼睛一样高。

（5）目光应适度。在社交场合，既不能用没有自信的怯生生的目光去看人，也不能用盛气凌人的直瞪瞪的目光盯着别人，否则不是被人轻视，就是被人误会。

（6）注意目光禁区。交往过程中，尤其在商业行为中，往往会因为实际需要而对对方身体的某一部分多加注视，不过切记不要随意去注视打量对方的头顶、胸部、腹部、臀部或大腿等目光禁区，如果对方是异性时，注视这些禁区还会引起对方的强烈反感。

手势语言 3 原则

　　手势通常是指人的双手及手臂所做的动作，是人类在漫长的进化过程中形成并发展起来的一种特殊沟通方式，在人际交往中有着广泛的应用。除了能够充分增强人们的语言表现力和感染力之外，手势还能够在语言不通的情况下，传递很多信息。因此，了解各种手势并恰如其分地使用手势语言，对于每一个职场女性来说都非常重要。

　　令人遗憾的是，并不是所有人都能够将手势运用得恰到好处，在日常生活中，由于种种原因，有些人的手势非常不雅，更有些人因为不懂得手势代表的意思，从而弄巧成拙，引起不必要的误会。因此，我们在使用手势时，必须遵循以下原则。

1. 大方得体

　　手势是一种传情达意的特殊方式，与说话不妥会引人反感一样，如果使用手势时不注意自己的身份或谈话内容，一味地模仿他人或矫揉造作、扭扭捏捏，不仅会妨碍双方的有效沟通，还会给他人留下没有素质、缺乏教养的印象。

2. 准确无误

　　由于手势是一种无声的语言，而且其内容包罗万象，因此哪怕是极细微的变化也会改变手势的含义。因此，在使用手势时应尽量做到准确无误，并极力避免使用过于复杂的手势，以免造成沟通障碍或引起他人误解。

3. 入乡随俗

　　在不同的国家，由于历史传统及文化背景等不同，手势的含义也有所

不同，甚至意义相反。如大家熟知的 O 形手势在英语世界是"OK"的意思，有着"高兴"、"佩服"、"顺利"等意义，但在法语世界却代表"零"或"没有"，到了日本、东南亚一些国家则代表"金钱"的意思，而在巴西竟然代表"肛门"的意思。试想一下，当你要称赞一位巴西人时却使用了 O 型手势会有什么样的结果。因此，在面对不同人群时，我们应做到看人使用手势，以免引起不必要的麻烦，从而广结善缘，最大程度地赢得人脉资源。

除了掌握以上手势要领以外，我们还必须避免一些手势禁忌，如边讲话边打响指、勾动手指招呼别人、一边说话一边抓耳挠腮、对他人指指点点等，不仅会被视为没有素质、没有礼貌，而且极易招致反感，甚至引发不必要的麻烦。

穿衣识人

如前所述，穿衣打扮具有遮羞、御寒、美化、象征身份等多重功效。然而另一方面，当人们为了更美丽一些而穿上自己喜爱的衣服时，那些为她们增添光彩魅力的衣服，却悄悄地将她们的内心世界出卖给了某些有心人。也就是说，通过对他人穿衣打扮的细心品味，有助于我们初步了解其个性、品质，从而有利于我们交际顺利、成功。

1. 穿衣中庸的人，处事也中庸

有些人穿衣佩饰就像他们的处世风格一样——凡事中庸，既不张扬，又不过分低调。在大家都在跟风某种品牌的时候，他们也不会置之不理，但你永远不要指望从他们身上看到某些流行信息。因为他们的性情决定了他们不会做出什么出格的事，即使是穿一件新潮的衣服。这类人理性大于感性，从不过顺从欲望。他们比较可靠，值得结交。

2. 突然改变服装嗜好的人，也许是在逃避现实

心理学家指出，一个人突然改变自己的服装嗜好，往往意味着其内心受到了某种刺激，使他的想法产生了巨大的变化，当这种影响达到一定程度时，就会不自觉地表现在他的穿衣打扮上。这种人多见于失恋的年轻人。对于他们，你应该见怪不怪，而且千万不要让他们发觉你已经洞悉了其心理。最好的办法，应该是赞美他穿什么都很不错。如此他的心灵大门一定会向你敞开，而不会因为遭到你的质疑对你心存戒备，或者因此对你不友善。

3. 穿着朴素的人，缺乏自信而且喜欢争吵

有些人穿着过于朴素，与其说他们不爱穿华美的衣服，倒不如说他们

不敢穿鲜衣华服，因为这种人大多缺乏主体性格，对自己缺乏必要的信心。由于强烈自卑，他们遇到刺激时会表现得极具自尊，与别人争执不休，以保住自己可怜的面子。遇到他们千万不要和他们大吵特吵，否则即使你能吵赢，也会给人留下不好的印象。最好的处理方式是不与他们一般见识。如果你能大大方方承认他的观点，反而会让他感到你的宽容大度，自己退下阵去。

4. 喜欢时髦服装的人，有孤独感而且情绪易波动

有一种人，基本上没有自己的服装嗜好，他们也不知道自己真正喜欢哪一类型的服装，他们只以流行为好，或者说他们只能以流行为指导。之所以如此，源自他们心里的孤独感。生活上，他们甚至也没有两三好友可以相互谈论一下服装心得。受此影响，其情绪也经常波动不安。

5. 不谙流行的人，多以自我为中心且喜标新立异

那些对于流行状况毫不关心甚至不屑一顾的人，个性一般比较强硬，多以自我为中心，穿衣佩饰喜欢标新立异，人们惊奇的眼眸，能让他们得到最大程度的满足。不过这种人往往太强调自我，与他们相处经常弄得大家索然无味。如果必须接触他们，可以适当投其所好，如果能够切中要害（比如他们的某些嗜好、专长等），往往更好合作。

6. 衣着华丽的人，自我显示欲强爱出风头

那些总是喜欢在大庭广众之下用鲜衣亮甲吸引众人的眼球犹如鹤立鸡群者，肯定有着强烈的自我显示欲望。无论在什么场合，他们都不会放弃出风头的任何机会。另外，这种人对于金钱和权利的欲望也特别强烈。和他们相处，只要你明白他们是怎样一种人，并且多用称赞去满足他们的显示欲望，多半能够和他们处得比较融洽。

同性嫉妒的"灭火器"

嫉妒是女人的天性。从古至今，女性之间的嫉妒演绎得尤其激烈。常言道："男人妒才，女人妒色"，在女性真正走上社会之前，没有任何一个女人不希望自己变得更漂亮一些、再漂亮一些，也没有任何一个女人对同性的美丽无动于衷。如果对方是自己的竞争对手，女人们更是食不知味、寝不安席，嫉妒得要命。当今社会，女性之间的嫉妒更多是妒才，但这种嫉妒同样不容小窥。

那么，如何才能避免被妒火中烧的同性攻击呢？一般来说，职场女性可根据具体情况采取以下方法应对。

1. 分享名利

很多人都明白"一个人唱不了八仙庆寿"的道理，也知道团结合作的重要性，但在名利面前，他们却不懂得或者不愿意分享——很多职场女性与同事关系不好，就是因为她们过于计较自己的利益，而看不到同事也有同样的需求。时间长了，难免招致同事们的反感或嫉妒。

应该承认，有些女性确实很有才华，其个人能力也的确非一般人可比。但是即便如此，如果没有同事的支持与配合、上司的正确领导，你能取得优异成绩吗？因此这些女性遭人嫉妒不是没有原因的，如果不改变自私的心态，同事们就不仅仅是嫉妒你了。

所以在面对利益或荣誉时，职场女性不应争先恐后，更不能贪心不足地把他人排斥在外，自己独吞。也不要采取"用人朝前，不用人朝后"的实用主义，否则走到哪里，也没有人欢迎你、支持你。久而久之，等待你的也只能是同事的嫉妒和愤恨。反之，如果我们能够主动地与同事们分享名利，我们也必将受到她们的欢迎。

2. 化妒火为同情

悲观主义者、德国哲学家亚瑟·叔本华认为，真正的道德非常稀有，真正有道德的人也是万中挑一甚至更少，人们之所以会对道德行为产生敬意，恰恰说明了那些道德行为的与众不同。叔本华进一步说，对于比自己幸福的人，人们不会产生同感，更多情况下，人们只会产生嫉妒心理；但是对于那些比自己不幸的人，人们却能够感同身受。

所以，如果你是一个出类拔萃的白领女性，在遭受女同事嫉妒时，请先别生气，因为她们的情绪并非冲你而来，你要在理解她们失意心情的同时，利用一下她们的同情心。具体做法是把自己的烦恼或者编造一些生活中许多还不如她们的"隐情"，告诉她们你是多么的"不幸"，比如丈夫冷漠、孤独寂寞、孩子淘气等等，这样她们会觉得你也不过如此，甚至还不如她们，如此她们与生俱来的母性就会迸发出来，反而对你生出同情之心。虽然这样做有些欺骗的意味，但是除此之外，我们又能怎样？总不能任同事的妒火烧得我们焦头烂额吧！

3. 共享女人之美

如果同事因为你的美丽妒忌你，不妨把你的美容心得传授给她，根据她的个人条件指点她的穿戴、化妆，让她也变得优雅起来，那样她将对你心存感激。

4. 给同事表现的机会

如果同事因为你光彩太盛、锋芒毕露嫉妒你，你要及时收敛自己，同时把一些机会让给那些爱出风头的同事。如果你拥有了足够的能力，即使保持一颗平常心、凡事中庸低调，你也会赢得广泛的支持。更何况，这还是一种难得的风度。反之，一切都"非我莫属"，总是技压群芳，你只会惹来更多的忌恨。

5. 帮助同事

心理学家指出，嫉妒是一种非常复杂的心理，它包括焦虑、恐惧、猜疑、悲哀、自咎、羞耻、消沉、憎恶、怨恨、敌意、报复等不良情绪，而嫉妒的根源则源于对自己的不满，如身材、容貌、智慧、荣誉、地位、成就、财产、威望等。但是，嫉妒对于他们来说，只能是雪上加霜，因为他们只看到了别人的成功，却往往忽略了别人的努力，而且不愿意付出相应的努力，在通常情况下他们为了消除自己的嫉妒心理，会采取对他人成就进行破坏的方式，以达到内心的平衡。从这一意义出发，嫉妒可谓既害人又害己。因此，为了避免那些善妒的同事伤害自己，我们应该帮助他们认清嫉妒的危害，在树立正确的人生观、世界观的基础上提高自身能力，把精力用在真正需要的地方。当你做到了足够真诚，同事就会变嫉妒为拥抱。与其被同事的妒火烧得焦头烂额，我们为什么不与同事携手双赢呢？

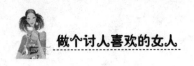

小心这 7 种人

俗话说："害人之心不可有，防人之心不可无。"说具体点，到底哪些人是我们应该提防的呢？一般说来，与以下 7 种人来往时，职场女性要加强小心。

1. 尖酸刻薄的人

尖酸刻薄型的人，最大的特点就是与别人争执、甚至平时说话时，往往揭人隐私不留余地，极尽冷嘲热讽之能事。在他们有意无意地攻击下，对方势必自尊心受伤甚至颜面扫地。这样的人，当然不受欢迎。

这种人也往往以取笑他人为乐事。你和同事吵架了，他会说：狗咬狗一嘴毛，谁也不是好东西；你被老板批评了，他会说：真是老天有眼，恶有恶报；你和部下相处融洽，他又会说：有人天生命好，有人天生贱骨头，这世界到哪说理去……总之，他们天生伶牙俐齿。但是真正需要他发挥的时候，他又说不到点子上。

如果你身边恰好有这样的人，一定要和他保持距离，不要轻易招惹他。那些闲言碎语，你可以装作没听见。否则一旦动怒，必定惹火上身，自讨没趣。如果他是你的上司，你更需要韬光养晦，谨言慎行。如果他是你的部下，你也不能大笔一挥辞退了之，应该多花一些时间在他身上，多跟他讲讲做人要厚道、要低调、要宽容。如果能把他改造成一个受欢迎的人，这无论是对我们自己还是对公司来说，都是一份意想不到的收获。

2. 口蜜腹剑的人

如果你身边有这一类型的人，尤其是你和他在同一家公司工作时，你可要小心了！应对这种人，最简单同时也是最有效的方法就是多做事、少说话，你甚至可以装作不认识他。如果他要亲近你，你就赶紧找理由闪开。如果由于工作需要必须和他一起合作，那就必须更加谨言慎行，并且留下工作记录，以免被他暗算。如果他是你的下属，你还要注意3点：①尽量找独立的工作或独立的工作位置给他；②不能让他有任何机会接近你的上司；③对他保持严肃，经常敲打敲打他。

3. 吹牛拍马的人

吹牛皮、说大话代表他们虚荣、不肯面对现实；阿谀奉承、溜须拍马则表明他们没有原则、寡廉鲜耻。与他们相处，只要没有伤害到我们的利益，我们也没有必要得罪他，更没必要与他为敌。如果你刻意孤立他，或者招惹他，他就可能报复你，把你当成往上爬的牺牲品。所以与他们见面时，有必要保持和气和笑脸。如果有这样的部下，当他向你灌迷汤的时候，一定要保持冷静，看看他究竟是何居心，千万不要倒在他的糖衣炮弹之下。

4. 挑拨离间的人

相对来说，这是对公司生存、发展最具杀伤力的一种人。原本和谐安定的公司，有了他们存在，往往会在很短时间内被搅得人人自危、人人争斗，甚至会出现"血光"之灾。

这种人一经出现往往已经表明公司已经面临某种程度上的危机。应付这种人，最好的办法就是防微杜渐，把好选人用人关，尽量不让这类人进来，或者一经发现就立即予以清除。

当然有时候，他们存在与否、是否清除不以我们的意志力为转移，这种情况下，除了谨言慎行、和他保持距离外，你还要注意联络其他同事，建立联防及同盟关系，将他孤立起来。这种情况下，即使他挑拨离间，也没人会为其所动，你就不会受到影响了。如果他是你的部下，尤其是在他已经挑拨离间过自己的情况下，你务必要想办法弄走他、孤立他。否则给他们机会，就是在给自己日后被孤立、被弄走打伏笔。

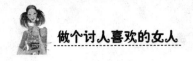

5. 踌躇满志的人

踌躇满志的人，最大的特点就是对任何事情都有自己的高见，都有巨大的自信。他们一贯的表现就是自以为是、刚愎自用。之所以如此，一方面在于这些人长期以来一直处于一种非常顺利的状况，另一方面则在于他们确实有一些能力。与他们相处，我们应该给予必要的尊重和客观的认可。

如果他是你的上司，那么尽量别在他的面前乱出点子，应该尽量照着他的意思去做，尤其是在他自鸣得意或者一意孤行时。有时候你虽然是为他、为公司考虑，但必须注意方式方法，否则一旦刺激了他，你很有可能成为他某项计划的无谓的祭旗者。有时候，他们也会礼貌性地征询我们的意见，如果他的做法确有施行的可能，那么你就应该立即表示肯定。如果他的做法根本不妥，你也要判断他的态度是否诚恳，至少应该在保证自己不受伤的前提下提出中肯的具体的建议。

如果他是你的同事或者下属，不能让他们一家独大。必要时，要让他们尝到一些失败的苦果，让他们发现自己原来也有不足，也要改进。否则等他们铸成大错时，我们也少不了苦果子吃。

6. 愤世嫉俗的人

这些人是典型的"愤青"，对社会上的人和事这也看不惯，那也看不惯，大有"给我权力必定要将这一切不合理的打翻"的气势。虽然这些人本身缺乏对社会的认识、认可和接纳，不过他们的本质并不坏。与他们交往或共事，说不上好，也说不上坏。只要他所愤怒的事情与你无关，对你来说这只不过是其个人行为，完全可以不置可否。如果他所愤怒的事情间接与你有关，比如他是你的下属，而他对公司的福利待遇不满，等等，你就要多多规劝他，告诉他只有自己进步，利益才会水到渠成。不过在必要的时候，你也应该有技巧地切实地去为他申诉。如果一个人真正作出了贡献却得不到应有的回报，那么你可能就快要失去这个心腹干将了。反之，如果你帮他实现了公平，他又"何愤之有"，他又怎么能不感激、听命于你？

7. 翻脸无情的人

套用一句流行语——这种人翻脸比翻书还快，而且说翻就翻，一翻就是好几页。他们翻脸时，根本没什么理由，更不会记得你的恩情和好处。

对待这种人，从一开始就要认清他的本质，可以给他必要的帮助和应酬，但是不要太付出、太走近他，否则芝麻大点的小事，都可能让他翻脸无情。如果他是你的同事，你不必和他一般见识，反正彼此没有利害关系，各干各的活。如果他是你的上司，你一定要在干好工作的同时谨言慎行，必要时还要为自己谋求更好的出路。如果有可能，不必在这种人手下受气。如果他是你的下属，切记不要因为他容易翻脸就特别迁就他，否则别的部下就会以为你欺善怕恶。必要时，这种下属该惩治就惩治，不必姑息。

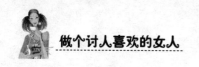
办公室里的 5 种小人

小人是与君子相对的人群，一般泛指人格卑鄙的人。曾经有学者将生活中的小人归为恶奴型、乞丐型、流氓型及文痞型 4 类。在职场中，这些小人又有以下几种特殊表现，现在我们就来分析一下他们各自的具体心态和特征，从而及时调整自己对他们的态度和策略，以免被小人所犯。

1. 恶人型

他们是最危险的小人，因为他们往往具有美丽的包装，俨然披着羊皮的狼。一开始，他们看起来友好、富有诚意，无微不至地关心你。但是可能就在你刚刚被感动之际，他们就突然变脸，狠狠踩你一脚，甚至于做出某些"损人不利己"的事。对于此类小人，如果你已发觉他的蛛丝马迹，最好的办法是尽量避开他。如果他来拉拢你，你千万不要加入他的圈子。在必要时，如果发现他有使坏的可能，应该"先下手为强"，向领导披露他的劣迹。如果他就是你的领导，并且有针对你的可能，那么与其留下来跟他斗智斗勇，还不如及早退出，换一个更适合自己的环境。如果他是你的下属，你可以考虑把他清除出去，但要注意区别对待，对某些为恶并不严重者，应该给予机会。

2. 贬低别人型

这种小人的明显特征是时时处处都要表现得比别人优越，原因是因为他们有着无法排解的虚荣心，或者说是严重的自卑。由于见识少、目光短浅，他们缺乏自知之明，实际上非常可悲。这一类小人根本不值得我们生气。当他们再次贬低我们以便抬高他们自己时，你根本不必把时间浪费在他们身上。也许就在下一秒钟，他们就会由于一个不经意的细节，将自己的无知和愚蠢暴露无遗。

3. 欺生型

欺生型的小人有一个典型习惯，那就是对新来的人他们都要或者都想排挤一下，以显示他们在这个圈子里的地位。等时间一长，他们就会转移目标，去挤对下一个新人。其实他们也不是真正意义上的恶人，只是素质较低。如果他们做得不是太过火，大可不必和他们叫真。但是必要时，你也可以适时反击一下，因为这种人向来欺软怕硬。

4. 搬弄是非型

这种人是典型的小人，他们以制造、传播谣言为乐，极尽挑拨离间、搬弄是非之能事。对付这种人，最好的办法就是敬而远之，并且保护好自己的隐私。即使不幸成为他们造谣的对象，你也不用如临大敌，毕竟"清者自清，浊者自浊"，群众和领导从来都是雪亮的。如果他们的言论实在过分，可以考虑将他们告上"公堂"，请权威人士或者司法部门对他们进行必要的惩戒，以儆效尤。

5. 脾气怪异型

也许把他们称为小人并不公平，因为他们可能并没有什么恶意，只是很难相处而已。那么，如何才能和这些脾气怪异、行为离奇的非正常人打交道呢？尤其是与他们发生冲突时？一般来说，如果你发现他们身上有某种值得交往的东西，你可以用诚意去打动他们，但是不要抱太多希望。如果你不想接近他们，那么最好避而远之。如果你与他们发生了摩擦或矛盾，请记住无论何时何地都要就事论事，千万不要借题发挥，更不要使用侮辱性的过激语言，否则有可能激起他们的怪脾气，让事情无法收拾。

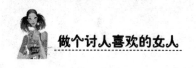

遭遇难缠人物

俗话说："一种米养百种人。"人际交往过程中，我们不可避免地要与各种各样的人打交道，其中不乏各种难缠的人，比如脾气暴躁的、死板执拗的、专横跋扈的、嫉妒成性的，等等。由于他们的性格大异常人，行事作风也不按常理出牌，因此与他们交往时往往让人头疼。

不过，他们真的那么难以应对吗？西方有句谚语说："与魔鬼交往的通道是由善意铺成的。"也就是说，即使那些难缠的人像魔鬼一样奸诈狡猾，只要具备起码的善意，再加上恰当的技巧，也可以与之和平相处，甚至成为朋友。一般说来，与难缠人物交往时要做到以下几点。

1. 识别动机

首先要识别对方的动机。如果对方的动机是好的，那么他的行为即使再令人头痛，也是积极、正面的，值得我们认可。比如爱唠叨的同事，其唠叨可能是出于对同事的严格要求和对工作的负责任；爱发火的上司，也可能完全是为工作着想，或者说他很看好你，却恨铁不成钢；等等。了解了对方行为背后的良好动机，我们就会从内心深处理解对方的行为，从而减免因为对立心理导致的负面行为，以及由此造成的负面后果。

反之，如果确定对方的难缠行为源自某种不良动机，我们即使不立即采取行动，至少也应该时刻保持警惕。

2. 善于言辞，树立良好的形象

很多人的不友善行为，源自他们对他人的不信任，甚至是敌对态度、仇视心理。因此关键在于怎样让他们信任我们，重中之重则是通过沟通重

塑我们在对方心目中的形象。具体说来包括以下内容。

（1）让对方说

难缠的人，与人沟通时往往采取防卫姿态。与他们交谈，最好不要自己没完没了地陈述，应该尽量用提问、复述等方式让对方说，然后在对方说的过程中适当地插入自己的观点，使对方潜移默化地接受我们的观点。

（2）语调要亲切、自然

交流过程中，要使用亲切自然的语调，让对方感受到你的真诚和温暖，对方才会向你敞开心扉。否则，即使你的措辞无可挑剔，一旦语气语调稍有不妥，也有可能引起误会或冲突。如果发现对方已经误解了你，应该立即向对方解释。

（3）把批评夹在表扬中

任何人都希望自己的行为得到认可，难缠的人也不例外。如果我们拒不认同，就会刺激对方，以至于其负面行为一发不可收拾；反之，如果我们对他表示信任和期待，他就会产生向正面行为转变的勇气和信心。比如某下属工作能力很强但缺乏合作精神，你可以对他说："你工作能力很强，同事们都想和你合作，就是你的工作方式有点不对。"这样既不伤对方自尊心，又间接地提醒了他，接下来他肯定会改善自己的行为。反过来说，如果一上来就批评他或者严令他改正，他就会产生抗拒心理，进而更加不合作。

（4）要实话实说

如果对方不肯认同你，或者虚与委蛇，那么很有可能是对方心有疑虑——他在怀疑你"黄鼠狼给鸡拜年——没安好心"。这时候，实话实说、开诚布公地告诉对方你与之相交的动机，就可有效化解对方的疑虑。当对方认为你的动机可以接受时，他自然会认同你，同时露出自己真实的一面。

（5）不以自我为中心

在交谈中，要多用"我们的"等字眼和句式，尽量少用或不用"我的"等字眼和句式；或者尽量多使用"我的观点是……"、"在我

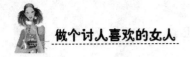
看来"、"您的意思是……"等句式，这样可以使我们的话语更加柔和、温婉，让对方听起来并非要强加给对方，从而减免对方对你下意识的逆反心理。

（6）对事不对人

与难缠的人发生分歧时，要就事论事，千万不要东扯葫芦西扯瓢，陈芝麻烂谷子全抖搂出来，更不要揭人隐私和伤疤，以事论人，否则极易激化矛盾，引发更深层次的争执。

（7）学会倾听

倾听很重要，但是倾听绝非站在那里支起耳朵而已。倾听不仅需要耐心，还要学会复述、附和和澄清。

复述，就是复述对方所讲的一些句子或字眼，让对方明白你不仅在认真地听，而且非常重视他们的话。注意不要鹦鹉学舌，对于不同性格的人，还要注意使用不同的复述方法。比如火爆性子的人，听你说话时注意力不会超过两句，因此复述他的话时要格外简短。反之，对于爱唠叨的人，复述时则要长一些，否则他会接着向你描述 N 次。

附和，就是当对方表现出抱怨、牢骚、愤怒等状态时，及时用目光和声音表现出与之相应的态度和感受，以示对他们的理解和同情。否则，对方表现得非常激烈，而你却无动于衷；或者对方原本很平静，而你却反应过激，肯定会被对方视为不重视他的感受，或者虚伪。

澄清，就是在听完对方的话后，整理他们思路和意图，以便进一步地了解对方，同时拉近双方的距离。

3. 巧用同化与转化

有道是"人以群分，物以类聚"，那些相处融洽的人，往往是性格相近的人；而有矛盾、隔阂的人，也大多是性格差异较大的人。所以，与人相处时，应该把精力放在自己与别人的共同点上。如果能够将对方同化，对方自然也就不再难缠了。

首先需要与对方在身体动作、脸部表情方面同化。仔细回想，我们会发现生活中那些性格相异的人，如果在交流中身体语言、面部表情互相对立、毫不相干，沟通则难上加难。而如果能在与难缠人物的交往中主动与他们的身体动作、脸部表情同化，就可间接发出"我不是敌人，我和你是同一种人，我对你有好感和共鸣"等友好讯息。需要注意，这一过程不应刻意模仿，否则对方会认为你是在取笑他。

其次，我们还可以用声音的音量和速度来同化。很多人都有经验：那些习惯大声说话的人，会觉得声音细小的人很难沟通；同样，那些细声慢语的人，也往往觉得跟粗门大嗓的人说不到一块儿。也就是说，如果你不能在音量和语速上与对方同化，那么即使双方在思想认识上非常接近或一致，也很难相互沟通，而且极易发生分歧和误会。

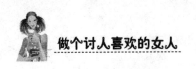
消除领导误解的 6 种方法

　　做人难，做别人的下属更难，想成为左右逢源的职业女性则是难上加难。因为很多时候，我们甚至会因为一句不经意的话，一个不小心的举动，在浑然不知的情况下得罪了某上司，被上司误解。等我们明白过来，往往为时已晚。不过对于善于处理上下级关系的聪明人来说，被领导误解也并非绝对无药可医，比如下面故事中的韩芳。

　　韩芳原本是基层车间的普通钳工。两年前，厂宣传部新调来的方部长见她文笔不错，便顶着压力将韩芳调进了宣传部做宣传干事。从此，韩芳对方部长的知遇之恩一直铭记在心。前不久，韩芳又被晋升为厂办秘书，成了厂办王主任的部下，精明干练的她很快得到了王主任的认可和喜欢。

　　只是没多久，韩芳敏感地意识到老上司方部长和她渐渐疏远了。暗中一打听，才知道王主任和方部长之间有过私人恩怨，因而方部长总是怀疑韩芳倒向了王主任那边。

　　韩芳顺藤摸瓜，终于查找到了被误解的源头：原来，在不久前的一个下雨天，韩芳只顾着给王主任打伞，却没给方部长打伞。但是韩芳非常冤枉，因为当时她从后面赶上给王主任打伞时，根本就没有看到方部长正在不远处淋着雨——误解就此产生了。

　　一怒之下，方部长在许多场合都说自己看错了人，说韩芳是个忘恩负义的小人，谁做她的上级，她就跟谁搞关系。直到方部长的言论传到韩芳的耳朵里，韩芳才意识到了事情的严重性。

　　怎么办呢？自己确实不是那样的人啊！但是怎么才能改变这种不利局面呢？韩芳经过多方面努力，采取多种措施，最终消除了方部长对她的误解，具体说来有以下几点。

1. 极力掩盖矛盾

每当有同事提起方部长和自己关系不好时，韩芳总是极力否认，因为她根本不想让更多的同事知道方部长和自己有矛盾。韩芳此举的目的是想控制事态继续扩大，这样有利于缓和矛盾，而不至于出现"众口铄金"、无法收拾的局面。

2. 公开场合表明"立场"

韩芳虽然在厂办工作，但经常和方部长有工作上的接触。每次见面，韩芳都面带微笑，主动和方部长打招呼，即使方部长爱答不理，韩芳却总是保持足够的热情。有时候因为工作需要和方部长同坐一桌招待客人时，韩芳每次都会主动给方部长敬酒，还不止一次地公开说自己是方部长一手培养起来的，自己十分感激方部长。韩芳此举的目的是表白自己时刻没有忘记方部长的恩情，绝对不是忘恩负义之人。

3. 背地里褒扬领导

韩芳深知当面夸人不如背地褒扬的道理，因此韩芳经常在背地里对别人说起方部长对自己的知遇之恩，自己如何如何感激方部长，尤其是在同事们说她与方部长有矛盾时。即使是某些同事说方部长的其他缺点和坏话，韩芳也会极力为方部长辩白。韩芳此举的目的是想通过别人的嘴替自己表白真心。人们传得多了，方部长自然会知道。了解到是韩芳在背地里褒扬自己，方部长肯定会高兴，这样一来更有利于消除误解。

4. 紧急情况时"救驾"

工作中，韩芳总是在留意宣传部的动静，如果知道方部长遇到了紧急情况，韩芳总是会在第一时间挺身而出，前往"救驾"。有一次适逢中央某领导突然造访本市，市里通知所有企业张贴标语，时间紧任务急，方部长一时急得团团转，韩芳知道后不仅及时赶到，而且一连两天都帮着忙活到夜里两三点，最终完成了任务。韩芳此举的目的是想重新博得方部长的好感，让方部长觉得自己并没有忘记他，仍然是他的部下，这样做有利于

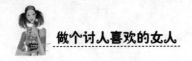

方部长消除误解。果不其然，在那件事以后，方部长的态度有些改观。

5. 找准机会解释前嫌

看到自己的努力有了效果，韩芳便瞅准时机，利用与方部长一同出差外地的机会，与方部长进行了推心置腹的交流。方部长最终被韩芳的诚心打动，并说出了对韩芳的看法以及误解韩芳的原因——"雨中打伞"一事。韩芳听后再三解释，希望方部长不要责怪她。方部长表示不计前嫌，因为韩芳确实是个不可多得的好下属，虽然现在她已经不是自己的直接下属，并表示一定要和韩芳和好如初。韩芳此举的目的是利用单独相处的机会，让方部长在特定的场合里更乐意接受自己的解释。结果，她成功了。

6. 经常加强感情交流

即使是在方部长的误解烟消云散之后，韩芳也不敢掉以轻心，而是趁热打铁，经常找理由与方部长进行感情交流，比如向方部长讨教写作经验，到方部长家串门聊天，等等。久而久之，方部长更加喜欢这个昔日部下了。韩芳此举的目的是通过经常性的感情交流增进与老领导之间的友谊，让误解无从生根。事实证明，韩芳的不懈努力，不仅达到了自己的目的，而且还让方部长觉得自己以前说过的话有点对不住韩芳，为了补偿，此后方部长逢人就夸韩芳，并且准备向上级推荐韩芳，让她更上一层楼。

第五章

智慧女性生存之道

对职业女性而言，首先需要突破"脆弱"。因为企业不是慈善机构，生活要遵循丛林法则。男人们或许会喜欢看你娇柔的俏模样，但是他们绝对不愿意在工作上与一个脆弱的女同事合作。为此，每个职业女性都应该对自己充满信心，时刻寻找机会实现自我突破，战胜自我，提升自己，做生活的强者。当你的生存能力更加优秀时，你也就能赢得更多人的喜欢。

工作减压 7 法则

处在竞争激烈的商品社会，面对残酷冰冷的丛林法则，试问世上能有几人，生活得没有丝毫压力？又有几人不想从压力中解脱？相关调查表明，大约65%的职业人士都饱受生存压力的煎熬，他们轻则怨天尤人，身心疲惫；重则不堪重负，患上了严重的身心疾病。

那么，我们又哪来那么多的压力？为什么有些处境不如我们的人，却过得那么惬意？也许我们已经习惯了将所有的负面情绪和消极观念统统背在肩上，其他诸如爱情、事业、功名、权位……也都被我们不加选择、毫不犹豫地装入了人生行囊，压向自己早已不堪重负的双肩。其实我们所谓的压力，不过是我们自己折磨自己。下面有关专家提出的7项法则，只要你用心去感受并付诸实践，就一定会收获前所未有的轻松。

1. 树立正确的价值观

职业女性首先要明确自己最想要的到底是什么：是物质、金钱，富于变换、充满挑战的生活，还是不断超越自我、实现真我的高度？如果你的工作纯属为了物质和金钱，那么你就要适时转变思想了，因为这既是你承受的巨大压力的根源，而且一般的工作可能根本就不能满足你那日益膨胀的欲望。

2. 保持充沛的活力

对于从事脑力劳动的职业女性而言，让她们感到疲惫的原因很少是由于工作本身。她们之所以倍感疲劳，是因为她们情绪紧张、忧虑、不愉快。对于这一类职业女性来说，最有效的办法就是想办法让自己活力四射。为此请尝试着"假装"对工作充满热情和兴趣，微笑着去面对每一个人，甚至于每一个电话。每天早晨都为自己打打气，每天下班都对自己说，今天表现得真是太好了。经常进行自我"心理暗示"，你一定会变成一个轻松快乐的人。

3. 保持平和的心境

哲人说："天使之所以能够飞翔，是因为他们有着轻盈的人生态度。"轻盈的人生态度，也即我们所说的平常心。职场上，由于心理压力过大而郁郁寡欢的职业女性大有人在。她们的忧虑，在于功利心太重、心胸过于狭隘。反观那些豁达的人，她们从来都不惧怕失败，也能正视成功。她们善于在烦恼中寻找智慧，在忧患中激发力量，在成功时保持清醒，在逆境时保持冷静。保持一颗平常心，放下患得患失的心态，我们就能够正确看待得失成败，时刻保持平和快乐的心境。

4. 让生活充满秩序

一个工作一塌糊涂、生活一团乱麻、甚至经常把袜子穿反的女人，可能是一个大大咧咧的乐天派，但是她们往往会被一些突发事件搞得混乱不堪、焦头烂额。所以职业女性要让自己的生活充满秩序，比如经常整理自己的办公桌，定期清理电脑中的文件，制订工作计划并提前做好准备，等等，如果每一天都工作得有条不紊、按部就班，你当然也就会头脑清醒、心情舒畅了。

此外，家庭生活也对我们的工作和事业有着千丝万缕的联系。试想一下，一个蓬头垢面、饥肠辘辘地挤车去上班的女人，怎么会有好心情呢？而一个从容的早晨、一顿丰富的早餐却可以让你更自信、更乐观地出现在同事面前。

5. 克服畏惧情绪

有些女性天生怕这怕那，在工作中也缺乏必要的魄力。如何克服这种畏惧情绪、更好地开发自己的潜能呢？这是一个循序渐进的过程，一般可以从一些与工作毫不相关的小事入手，比如主动和刚认识的朋友打招呼，独自一人尝试看恐怖片等。经常锻炼，你的胆量也会越来越大，最终拥有无所畏惧的魄力。

6. 适应不可避免的事实

英国有句谚语，叫做"别为打翻的牛奶哭泣"，类似于我们常说的"覆水难收"，旨在告诉人们不要为那些无法挽回的既定事实大伤脑筋、后悔不迭，甚至痛不欲生。生活中谁都难免失意，难免遇到一些不愉快的事情。生活中，每个人也都会为曾经失去的机会，或者曾经的失足耿耿于怀。人们往往会感慨或抱怨："如果当初我不那样做就好了"、"如果当初我那样选择就不是今天这个样子了"——这摆明了是在自寻烦恼。世上没有卖后悔药的，已经过去的事情就不要再说什么如果、假如了。我们应该做的，是学会忘记那些不愉快，或者吸取教训，在过去的失意中奋起。

7. 充分利用互联网

网络是现代人最好的给养站和避风港。如果你感觉工作压力太大，可以到网上看看资讯；如果你感到心情非常郁闷需要倾诉，可以和网友聊聊天；如果你感觉工作不太适合，网上有很多更好的单位……总之网上应有尽有，只要留心找到那些最能给你提供帮助的网站，那些工作和生活的压力，往往会在我们进入那些精彩的网页之后悄悄溜走，自动让位于轻松和快乐。当然还要注意上网不能上瘾，即使时间充裕，但每天上网冲浪不宜超过3个小时。

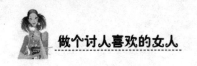

赶走坏心情

如果你身边有人说自己永远没有坏心情，那么他（她）肯定是在自欺欺人。处在竞争日益激烈的当今社会，但凡有血有肉的人，多少都会有苦恼和迷茫。所幸大多数人都是理性、积极、豁达、乐观的，他们知道如何迅速调整自己的心情。下面我们就来说说如何调解各种各样的坏心情。一般说来，职场女性常见的坏心情不外乎以下 6 种。

1. 孤独

生活在钢筋水泥的丛林里，每个人都不可避免地会感觉到孤独。有时候，孤独是一种自我保护的方法，它可以让你避免受到伤害和侮辱。但是，如果深陷孤独不能自拔，则对身心健康大大不利，它会让你"与世隔绝"，无法以正常的心态与人相处。在难于言表的孤独中，你会变得日益悲观、自我封闭起来，从不想与人交流到不想对社会有所贡献。长此以往，你必然会成为生活的失败者，被生活所抛弃。所以，当孤独袭来的时候，要学会想办法化解它。可以试着加入别人的团队，走进别人的内心世界，学会感染别人的积极和乐观。这样，孤独感就会慢慢消失。没有事的时候，还可以试着与朋友一起喝喝酒、聊聊天，或者一起跳跳舞、打打球。用不了多久，你就会发现，你内心的孤独正离你越来越远。

2. 空虚

真正的空虚是感觉自己无事可做，或没有前进的动力，这是十分可怕的。因为你一旦认定了"生活没有目的"、"人生没有意义"，你会逃避工作、逃避生活、逃避责任，会对生活失去信心，让自己整天得过且过，当一天和尚撞一天钟。当你有这种心情的时候，一定要为自己选择一个目标、找到一个方向，让自己去努力奋斗。当你处在努力和奋斗之中，你就会逐渐发现生活的乐趣和人生的意义，也就远离了空虚。

3. 不安

不安源于压力，是由于我们感觉自己的实际状况与自己的理想相差甚远，因此陷入了矛盾与不安的心理状态中。其实，很多事情都没什么大不了的。一个人，只要有改变命运的勇气，并且坚定地走下去，不管前方的道路多么坎坷、崎岖，只要能脚踏实地、慢慢地前行，你会把所有的困难都踩在脚下。努力地奋斗，积极地生活，人生只有不断的自我超越、自我前进时，才会感觉到平衡和充实。当有一天，你的理想和现实重合的时候，你就会心安理得地面对眼前的一切了。

4. 嫉妒

强中自有强中手，能人背后有能人。生活在这个社会中，总有人在某些方面远远强于你，这个时候，你不免会产生嫉妒。其实，嫉妒是一种普遍存在的感觉，有这样的感觉很正常。但是，当嫉妒心长时间占据我们内心的时候，就会让人失去理智、失去平时的激情，甚至对生活失望。与其生活在嫉妒中，反倒不如振作起来，不断完善自己，通过自己的努力，超越你嫉妒的一切人或事，这样，你才会变得踏实起来。

5. 悲伤

悲伤可谓最普遍的负面心情，失去亲人、失去朋友、患上重病、恋人分手、工作丢失、身上没钱，都会让人感觉悲伤和难过。有这样的心情是正常的，但如果长期不能自拔，那就是一种自虐了。一位著名心理学家说过："我们所谓的灾难很大程度上完全归结于人们对现象采取的态度。如果我们同意面对灾难，乐观地忍受它，它的毒刺也往往会脱落，成为一株美丽的花。"所以说，不幸虽说会让我们心中悲伤，会让我们失去一些东西，但毕竟命运还在我们的手里，只要有生命，就有创造奇迹的资本。时间是最好的医生，它能冲淡一切，创伤会在时间的洗礼下，慢慢抚平。

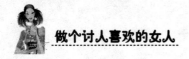

6. 愤恨

生活中，如果受到虐待，或是遭遇挫折，任何人都不免愤愤不平、心中苦闷。但习惯性的愤恨，见到什么都愤愤不平，就说明你的内心出了问题。从表面上看，你的愤恨是因为某些人或某些事引起的，但实际上却是你内心中自我感觉的"不公平"、"不公正"所引起的。你会用这些冠冕堂皇的借口，来补偿自己失落的内心。其实，生活中永远存在着不公平、不公正，即使这样的事情真的发生在你身上，你也不必怒气冲天。要知道，你是自己生活的主宰，有主动的改变权，而不是只能被动地接受。看到这一点，愤恨的心情就会被责任感和激情所代替进而转化为前进的动力。

心理健康 5 堂必修课

现代女性，尤其是职场女性，每个人、每一天都面临着激烈的生存竞争，长此以往，势必会产生过重的心理压力，导致种种不健康心理，严重时将影响自己的事业和生活，乃至身体健康。因此，如何及早消除不健康心理，保持最好的心理状态，成了每一个职场女性的必修课。具体说来，包括如下内容。

1. 学会宽容

美国作家马克·吐温说："一只脚踏在紫罗兰的花瓣上，它却把香味留在了那脚跟上，这就是宽容。"心理学家指出，适度的宽容，对于改善人际关系和身心健康都非常有益，它可以有效防止事态扩大、矛盾加剧，从而避免相应的严重后果。大量事实也证明，不会宽容别人，也会殃及自身。那些过于苛求别人或苛求自己的人，必定长期处于紧张的心理状态下，如果得不到及时缓解，极易导致机体内分泌功能失调，造成诸如血压升高、心跳加快、消化液分泌减少、胃肠功能紊乱，等等，从而产生头昏脑涨、失眠多梦、乏力倦怠、食欲不振、心烦意乱等症状，这些症状反过来又会增加人的紧张心理，如此恶性循环，最终难免酿成祸端，造成严重后果。而一旦宽恕了别人，人从心理上便会经过一次巨大的转变和净化过程，使人际关系出现新的"转机"，诸多忧虑烦闷便可得以避免或消除。所以，处于紧张工作状态下的职业女性，要学会以宽容之心对待他人，从而保持一份好心情——这是一种人生难得的佳境——一种需要操练、需要修行才能达到的境界。达到这一境界的女性，在人群中又岂止是受欢迎而已？

2. 学会遗忘

对于那些痛苦的、不堪回首的过往，要学会遗忘，要学会主动到大庭广众之中去寻找新的生活乐趣，让自己的生活变得丰富多彩，并不断给自己新的追求和充实的精神世界。切莫把自己独锁一隅，为过去而烦忧，为某些小人无法释怀。遗忘，是一剂清理不快的良药，走出那片狭小的天空，你会更加快乐。

对于大千世界中复杂的人际关系，要学会淡忘，不要斤斤计较、耿耿于怀，更何况生活中的许多事情，根本不需要我们牢记，比如同事间的无端摩擦、邻里之间的细小纠纷、恋人间的情感波折、夫妻间的小小口角，以及与工作和事业都无关的鸡毛蒜皮的事情，等等，大可不必放在心上。

反之，如果过度沉迷于对那些坎坷的回忆之中，或在悲伤中不能自拔，一味惋惜逝去的美好时光，等等，结果都只能是"雪上加霜"，妨碍身心健康。学会遗忘吧，换一个角度看世界，失望就会变成乐趣，抑郁就会升华为欢悦。

3. 学会生活

作为职业女性，工作固然需要引起重视，但是千万不要因为忙于工作而忽略了生活的本质。因此，职业女性要学会生活。比如在紧张工作之余，根据自己的爱好和客观环境，学习画画、书法、音乐或去跳舞、散步、下棋、养花、养鸟、钓鱼、练气功或者进行其他体育运动等等，都可以使自己的心态放松，消除紧张工作引起的焦虑、烦恼、忧郁等消极情绪和疲劳，这对身心健康有百利而无一害。

4. 学会消除怒火

科学研究表明，发怒会引起一系列的生理变化，如心跳加快、胆汁增多、呼吸急迫、脸色改变，甚至全身发抖，等等。愤怒的人，往往会在内心演绎一套自认有理的独白，而且越想越生气，一旦控制不住，就会冲破理智的闸门，不计后果地发泄出来。想象一下，在失控的情况下你的形象是什么样子？一旦你不能控制住自己，往往会做出一些令你后悔莫及的事情。也许事后你会非常后悔，觉得不该那么冲动，事情本来可以用另一种方式处理的，但世界上是没有后悔药可吃的。因此我们要学会控制自己，学会在不发火的情况下把事情解决好。一般来说，做到这一点需要从以下方面入手。

（1）加强素质训练。爱发火的人往往脾气急躁。为此，你应该多多学习下棋、绘画、写字、做手工艺品等等，通过这些方法磨炼自己的耐性和韧性，久而久之，自然就会养成不急躁的好习性，从而不会轻易大动肝火。

（2）缓冲一下情绪。在你发泄怒气之前，可以先深吸一口气，让自己的舌头在嘴里转两下，并在心中默念"不要发火，息怒，息怒"，经常练习，也可收到一定的效果。

（3）独自出去走一走。愤怒时，可以选择离开，找一个安静的地方，走上一会儿，让自己冷静一下，心情自然就会慢慢平静下来。但要注意，此时不要再不断地思索引发愤怒的前因后果，否则就达不到平息愤怒的效果了。要记住，最终的目的是解决问题，绝不是发泄或出气。

（4）贵在宽容。当你学会了宽容，决定放弃怨恨和惩罚时，你的心里就会轻松平静许多，愤怒的包袱也将从双肩卸载下来。这时候，你又怎么会冲动呢？

（5）嘲笑自己。在你的怒气就要发泄的紧急关头，你可以自己嘲笑自己一下，比如"我这是怎么了，怎么像个3岁小孩似的？"当你这样想的时候，愤怒其实已经悄悄地熄了火。

（6）尽量回避。生活中，遭遇那些引人发怒的刺激时，你可以选择暂时避开，眼不见心不烦，怒火自然先去了一半。这虽然是一种"鸵鸟"政策，但却是一种有效制怒方法。

（7）转移注意力。在受到让人恼怒的刺激时，你的大脑会立即产生一个强烈的兴奋灶，此时如果你能主动在大脑皮层里建立另一个兴奋灶，用它去抵抗或削弱引发愤怒的兴奋灶，就会使怒气平息或中和。比如当你怒气冲冲地准备与丈夫大吵一架时，可以转头看看天真的孩子，此时纵有怒气，也已经是对事不对人了。

（8）推己及人。己所不欲，勿施于人，只有试着让自己站在对方的角度去看问题，你才能理解对方的观点和行为，而且一旦你学会了将心比心，你的满腔怒气就会烟消云散，至少也会觉得自己没有足够的理由迁怒于人。

（9）反应得体。受到他人的不公正待遇，任何一个正常人都会怒火中烧。但是我们一定要学会控制自己，无论发生了什么事情，你都不要破口大骂，更不能用武力解决问题。你应该心平气和、不抱成见地让对方明白他错在哪里，这么做可以给对方提供一个台阶，让他有机会改正错误。如果你控制不住自己，势必会把对方逼上死路，这样一来双方大概会弄得两败俱伤，而该解决的事情还是没有解决。

（10）保持头脑清醒。当愤怒的思绪在脑海中翻腾不已时，一定要注意提醒自己保持理智，这样你才能避免短视，恢复远见，明智、巧妙地解决问题。

5. 学会控制情绪

如果把生活比喻为风，我们的情绪就好比天上的白云，生活中的任何事情，都可能左右我们的心情。但是作为一个职业女性，我们绝对不能随时随地对别人表露自己狂喜或恶劣的心情，否则不仅会对自身形象产生负面影响，还会直接影响到我们的工作和事业。因此，在日常交往活动中，职业女性要学会掌握自我平静的艺术，学会控制和调节自己的情绪，具体运用时，可参考以下几种做法。

（1）自我交谈。在情绪恶劣时，自我交谈不失为一种塑造好心情的有效方法。具体运用时，要学会有意识地给自己鼓劲儿，提醒自己"你一定能行"，从而与有可能产生的负面想法相对抗。当然了，如果条件允许，你还可以找那些专业的心理咨询专家，用各种专业方法帮你疏导情绪。

（2）平衡压力。时下，越来越多的职场女性由于工作关系复杂或家庭生活不协调感到压力日益沉重，甚至感到恐惧或身心俱疲。前面讲过，压力过重会对身体功能产生负面影响，导致一系列身心疾病。面对这种情况，职场女性必须学会适应。心理学家指出，最好的解决办法就是想办法平衡压力。我们知道，压力是人生的必须，人类本身需要一定的压力，唯有如此，人才能活得更充实。作为一个职业女性，你必须学会正视压力，视压力为一种挑战,然后积极地应战,力争让恶性的压力转变成你积极行动的正面推动力。反之,一味地消极躲避,你只能被压力压垮。

(3)乐观幽默。乐观幽默是调节情绪的良方,开朗的性格和笑口常开则是健康的源泉。研究表明,那些性格开朗、诙谐幽默的人,对现实生活总是有着较强的适应性,凡事比较想得开,拿得起也放得下,即使遇到危机,也能坦然处之,更不会为一些日常琐事或闲言碎语苦恼烦闷。另外,幽默感还能有效缓解人际冲突,消除彼此的对立情绪。因此,职场女性要学会给自己增加一点乐观和幽默感,这样不仅不会给自己造成任何损失,反而可以促使自己的社会关系更加和谐。

(4)及时消除不良刺激。很多时候,消极情绪都是因为周围的不良刺激引起的。因此,只要及时消除身边的不良刺激,即可恢复内心的平静。比如,当你为人际关系紧张而苦恼万分时,你可以主动去想办法改善与他人的关系,尽可能地与人和睦相处,你的苦恼自然就可以得到消除。

(5)积极疏导。无论我们的预防措施做得多么好,消极情绪还是难以避免。这时候,应该及时疏导,才不至于越积越多直至爆发。疏导消极情绪的方法主要有两种:一种是发泄法,即向亲朋好友倾诉心事,驱赶忧伤、烦恼或痛苦;另一种是转移法,即通过转移注意力的方式来冲淡消极情绪。比如,当你心情不好时,你可以通过专心致志地干活、做运动、听音乐等方式,去忘掉那些不愉快的事情。办法有很多种,随便你用哪一种,只要对自己有效就是最好的办法。

(6)变坏事为好事。世界是个大矛盾体,因此任何情况下都要学会认同和适应,而不是抱怨。如果能够正视生活,你将会看到,任何事情都有其积极的一面。只要换个角度去看问题,无论是面对日常琐碎小事,还是那些突发的危机,你都会感到好过一些,甚至从中发现乐趣和机遇。失去一棵树,你将赢得一片森林——这一法则并不仅仅适用于爱情。所以,即使真正遭遇了伤心事,也千万不要让自己陷入自怜的情绪,否则你就会越来越无助,以致越来越绝望。

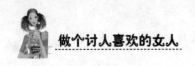

女性解忧必备

　　我们每个人内心中都会有难以言表的痛苦。有些人，会把心中的痛苦深深埋在心里；有些人，则会把它倾诉出来。女性一般比男性更多愁善感一些，感受到的痛苦自然也会更多。那么，当代女性遭遇困难和挫折时，怎样才能化解内心的痛苦呢？下面的几个方法，或许对你有所帮助。

1. 升华法

　　遇到挫折时，内心不免激愤。但激愤过后，应该冷静地想一想，采取一种更高的目标。比如，可以制订一个对国家、对人民有益的目标去奋斗。这种做法称为升华法。就是说把自己的目标升华，那样痛苦自然就减轻了。升华法常被知识女性所使用，她们大多有一定的文化修养和思想觉悟。

2. 寄托法

　　由于女性喜欢幻想，那么可以在遇到苦难的时候，转移痛苦，寄托到另一个新的事物上。比如：大学没考上，可以寄希望于明年；自己当不了世界冠军，可以寄托给自己的朋友；自己不是亿万富翁，可以把希望寄托给自己的儿子；自己不是大明星的儿子，可以寄希望当大明星的爸爸；这家医院治不好自己的病，可以寄希望于另一家医院。诸如此类，把希望寄托在其他地方或转嫁到别人身上，可以让自己时刻生活在希望里。

3. 自我安慰法

　　自我安慰，能够很好地抚慰自己的心灵，快速地化解心中的痛苦。例如，某家超市促销，当你急匆匆地赶到的时候，促销刚刚完毕，这时你不妨设想，超市促销的东西质量可能有问题，不然它干嘛卖得这么便宜？自己买不到，应该感到高兴才对，不然既花了冤枉钱还买了次品货。这样一来，沮丧就会一扫而空。其实，促销的产品并不一定有质量问题，你这样想象，只不过是为了自我安慰，化解你的不良情绪而已。

4. 鼓劲法

鼓劲法是一种积极地化解自己内心痛苦的方法。当你遇到挫折的时候，不要退缩或逃避，而是想办法克服困难，让自己变得更强大。给自己鼓劲加油，自己会越来越充满力量。例如奥运冠军，几乎个个都有伤，但他们并没有因此而放弃，而是以"世界第一"的目标来鼓励自己，让自己变得更强大，最终他们站到了世界的最高位置。拥有这样的心态，是一种积极健康的心态，是值得每一位女性学习的。

5. 类比法

把自己遭遇的困难与他人或其他事情联系起来类比时，能够很快让自己心里平衡。比如，有位女性平时喜欢贪小便宜，在街头买了一件名牌衣服，可拿回家仔细一看，是假冒商品，这时心里不免怒气冲天。但回过头来想想，未尝不是一件好事，通过这件事能提醒自己，日后还是要去正规的商场和专卖店去购买这类商品。这样一想，坏事也就变成了好事，自己的心情，一下子就开朗了起来。

6. 补偿法

当女性的心灵受到伤害，或是遇到无法挽回的事情时，大多会产生沮丧和绝望的心态。这时采用补偿法，便能很快化解这种心情。因为通过心理上的自我补偿，能够迅速抚平自己心头的创伤，还能够把本来消极的情绪转化成积极的力量。例如古时候一位著名画家，由于患病，右手截肢，没办法继续作画。这对于一个画家来说，是非常大的心理打击。但这位画家，却练习用自己的左手作画，经过很长时间的练习，他左手画出的画比右手还好，而他的艺术，也因此焕发了第二春。可见，当你受到伤害的时候，不妨根据自己的条件，寻求心理上的补偿。这样，你就能够再次充满

快乐了。

7. 自欺法

所谓自欺法，就是自己欺骗自己，这一方法被许多女性用于自己的生活中。比如，有的女性感到自己年老色衰，便在衣服的款式和颜色上精心选择，这样的衣服穿在身上，看上去依旧年轻美丽。又如，有些中年女性头上渐渐生了白发，每次面对镜子，都会感叹自己青春易逝，容颜转变，于是她们便会去染发，让两鬓的白发变成一头乌丝，这样看上去就年轻了许多。这些自我欺骗的方法，的确会让女性感觉到曾经失去的快乐和激情。而且这种方法既符合女性的心理特点，又能符合现代社会的潮流，确实不失为一种好办法。

职场必备 8 大勇气

古往今来，对于勇气的赞美，人们从来都没有吝啬过——古希腊圣哲曾经说过："没有比脚更长的路，没有比船更宽的海。而比船走得更远的，是人类的勇气。"丘吉尔也曾经说过："勇气是人类最重要的一种特质，倘若有了勇气，人类其他的特质自然也就具备了。"普希金更是给予了勇气最高的评价，称其为"人类美德的最高峰。"事实证明，那些拥有勇气的职业女性，往往能够纵横职场并取得骄人的成绩，她们的身边也永远不乏支持者与崇拜者。因此，在职场生存，我们首先需要拥有足够的勇气。

勇气并非夸夸而谈，也不是血气之勇，职业女性应该根据自身条件在不同时段站在不同的位置和高度，用一种策略性、针对性的勇气去应对工作上的困境，或者实现计划中的跨越。

1. 追求卓越的勇气

没有人能随随便便成功。那些成功者之所以能够取得骄人的成绩，首先就在于他们是一个有勇气追求卓越的人。他们从不随便妥协、放弃，他们对事物执著追求的勇气，是他们实现卓越的基石和不竭动力。

所以，如果你也想成功，或者说只是为了更好地生存下去，你也应该鼓起勇气，通过自己的努力去追求卓越、取得成功。

2. 勤于学习的勇气

同在职场打拼，同样的背景和工作，有的人成了出类拔萃的好手，有的人却表现平平，甚至惨遭淘汰。个中原因，就在于他们的学习能力有所不同。学习能力也受很多因素制约，但是"勤奋"二字最为关键。自古以来，天道酬勤，"勤奋"代表着我们的主动、积极与努力不懈。而支撑

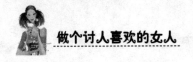

"勤奋"的，是我们的勇气。当别人在 KTV、迪厅里狂歌劲舞时，你却在家中啃专业知识，宁愿孤独也不放弃，你已经具备了难能可贵的勇气。坚持下去，成功必定属于你。

3. 克服困难的勇气

工作中难免会遭遇种种困难，比如工作本身的困难，人际关系上的困难等等，有些时候甚至是"屋漏偏逢连夜雨"，让人焦头烂额。这时候，千万不要丧气，即使没有一个人向你伸出援手，你也要有自行面对困难、设法克服困难的勇气，俗语说"自助者天助"，当我们信心十足地去正视困难、挑战困难的时候，事情总是会出现转机。

4. 突破现状的勇气

长期局限于固有的工作和小圈子，我们就会慢慢形成惯性。从好的方面说，这表示我们对工作得心应手、熟路轻车，遇到各种状况都可以从容不迫地去处理；但是从坏的方面说，这意味着我们正在形成一种惯性思维和惰性方式，如果不能与时俱进，我们就会逐渐落伍，直至淘汰。所以，积极的职业女性应该建立一种自我挑战的习惯，用突破现状的勇气去实现自我价值最大化。

5. 与众不同的勇气

与众不同不是标新立异，更不是自绝于群众，而是说职业女性要有独立自主的思考与判断能力，不人云亦云、不盲信盲从、不盲目追随潮流，不能为了讨好上司、老板、同事而放弃原则，更不能不顾真理和正义。做到这些，无疑需要巨大的信念和勇气。

6. 能原谅别人的勇气

生活中总是不免摩擦和矛盾，但是在选择愤怒和冲动的同时，我们也可以选择原谅和宽容。当你放下了怒火和冲动，即使不能用宽容赢得一个宽松的环境，但是至少可以把我们的精力用在真正需要的地方。经常把那些不愉快放在心里，日积月累，我们的工作和生活就会变得很不快乐。所以，与其说是在原谅别人，还不如说是在原谅我们自己。当你这样想了，原谅别人也就不再需要极大的勇气和胸襟。

7. 正视自我的勇气

古人云"知耻近乎勇"，永不认输是勇气的表现，知错能改、不耻下问更是一种大勇。如果为了顾及所谓的脸面，不肯承认自身的错误或不足，一味地遮掩、敷衍，即便瞒得了一时，又怎能瞒得了一世？能骗得了别人，又怎能骗得了自己！只有正视自我、勇敢地承认自己"不知道"，我们才能够成就自己真实的高度，成为一个勇敢与智慧兼备的人。

8. 坚持下去的勇气

职场女性在工作上必须具备坚持下去的勇气。无论是咬定工作不放松，还是坚持真理和正义，我们都应该在义无反顾地挺身而出之后咬紧牙关、不懈地努力直到达至目标。如果经常性地由于某些主客观原因屡屡放弃、妥协退让，我们的勇气和信心就会大打折扣，到那时即使是很小的阻碍也会让我们犹豫不决，更谈不上挑战自我了。所以相对来说，这种坚持下去的勇气更显得弥足珍贵。

克服弱点，追求成功

相关调查表明，在西方发达国家的职场中，能够获得高职高薪的女性，最多不过占到女职员总数比例的 3%~4%，与此同时，与她们同级别的男性，其收入却超过她们至少一半。

在全球范围内，这一比例更不公平：占全世界人口 1/2 的妇女，她们的工作时间占至全人类的 2/3，所获得的报酬却只有 1/10。至于她们所拥有的财产，更是不成比例——至多也只能占到 1% 而已。

如果把原因都归结到女性身上，显然有失公平。但是生活中的绝大多数女性还是客观存在着这样那样的弱点。由于无视这些弱点或者不能克服这些弱点，她们付出了长期不懈的努力却始终无法出头。

对职场女性来说，必须克服的弱点有以下几方面。

1. 志向不高

说到女人，人们便会自然而然地联想到弱者。生活中，做个平凡的小女人，过好自己的小日子，也是大多数女人的真实想法。但是即便是对一个并不渴望功成名就的女人而言，她也应该拥有一份充满活力的有助实现其人生意义的工作。对当今女性而言，幸福应该是全方位的，既包括贤妻良母、相夫教子、美丽温柔、秀外慧中等传统定义，也应该包括一份令自己满意的工作或者是事业。想要改变这种情况，职业女性必须从已往顺从、柔弱、没有主见、缺乏能力、琐碎唠叨、依靠男人来求权力和地位的传统观念中解脱出来，相信自己一定能行，相信男人行的女人也一定行，甚至比他们做得更好。那些成功的女性，就是你的榜样，就是你的目标！

2. 缺乏信心和勇气

对于大多数女人而言，她们往往无法像男人一样全身心地投入到事业规划中去。和男人相比，她们阻碍重重，因为她们常常徘徊在作为妻子、母亲和职业女性多重身份的取舍和矛盾之中。

另一方面，由于女性的社会权力长期被压制，即使在当今社会也一直受到诸多制约，因此无论是家庭、学校、职场、社会、媒体等方面，女人仍然无法摆脱其天生的负面形象。人们经常形容一位成功女性"巾帼不让须眉"——好像"巾帼"天生就应该不如须眉。对于不让须眉的女人，人们更愿意称她们为天才，甚至是异类。

其实，女人大可不必妄自菲薄。抛开当今社会到底给予了女性多少权利、女性又到底拥不拥有绝对的平等地位不谈，单从素质方面来看，科学研究表明，相对于男人的某些长处来说，女性有很多让男性望尘莫及的优点，比如善于沟通、耐力强等等。

3. 喜欢幻想

有很大一部分女人尤其是刚刚步入职场的女孩，喜欢幻想，其中最普遍也是最典型的表现，便是无时无刻地期盼白马王子的到来！这种不切实际的幻想，常常会混淆其判断、影响其决定，甚至因此堕入圈套和陷阱，悔恨终生。所以职业女性们要记住：工作就是工作，永远都不要把你的想象力发挥到职场上。

4. 缺乏明确的职业生涯和生活目标规划

生活中很多女人都想成功，都想出人头地，或者简单说都想有钱，但是很少有人真正想过"我能够拥有多少钱呢"、"我怎么做才能赚到这么多钱呢"，换言之，她们缺乏明确的职业生涯或生活目标规划。也就是说，唯有制订了明确的计划和确定的目标，才能使人拥有强大的动力，才有可能在此基础上制定出切实可行的方案，最终达成具体目标。

5. 害怕成功

还有一些女人对成功有莫名的畏惧心理。她们一来害怕选择一种充满竞争的生活，二来她们相信女人的成功往往和牺牲连在一起。比如成功之后她必须放弃个人生活，最理想的结果也不外乎家庭事业两头忙，不身心

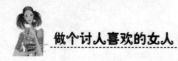

俱疲也弄得焦头烂额。其实，这只是你不敢挑战自己的最苍白的借口罢了。事实证明，女人能否拥有权力和社会影响力，与牺牲个人生活并不成正比。而且，过去那种为事业成功不惜一切代价的女强人式的做法，早已为那些拥有真正智慧的女性所摒弃，而且对任何女人来说，都不足取。对于今天的职业女性而言，在追求事业成功的同时，拥有快乐幸福的生活，才是个人职业生涯的最高境界。所以，大胆地去追求吧！如果非要担心的话，你更应该担心"如果不成功怎么办"。

容易被炒的 7 种人

一个被老板炒了鱿鱼的员工，无论怎么说也算不上生存能力强。因此在我们还没准备好跳槽之前，千万不要成为被炒的对象。一般说来，以下 7 种人最容易被炒。如果一一对照发现自己并不在此列，那么你有理由高兴和自豪——如果你不想辞职的话，老板是不会轻易辞退你的。

1. 不信守诺言的人

无论是工作上还是私生活上，一个不讲信誉、不守诺言的人，即使其能力非常出众，其人品终究很难得到认可。

某单位办事员胡丽华的毛病就是不讲信誉，或者说是她忘性太大。她做的工作主要就是发证，但承诺的时间，她常常转身就忘，一拖再拖，害得来办证的人常常要跑好几趟。结果有人一气之下写了举报信，领导当即就把胡丽华给换了。

信誉是人的立世之本。身在职场，你还代表着一个企业的形象，不守信已不仅仅是你个人的声誉问题。一个轻诺寡信的人，被炒鱿鱼实在是一点儿也不冤枉。

2. 办事不讲效率的人

小吴，本科学历，工作能力也挺强，但她的办事速度却慢得惊人，而且常把领导交代的任务搞忘了。机关精简时，小吴理所当然地成了分流对象。

其实，小吴被分流也不全因为机构精简——在职场打拼，最忌拖沓，领导交代的事情，必须保质保量完成。今日事要今日毕，如果经常把事情拖到明天，那么不客气地说，你在这家公司的明天已经非常有限了。

3. 不了解其他人需求的人

古时候，有个人学了一种大本事——屠龙术。但是混得却不怎么样，为什么呢？因为没有人需要这样的人才。现实生活中也如此，有些人一直跳槽，却越跳越差，到最后甚至走投无路，原因有两点：一是他没有想清楚自己适合什么样的公司；二是他不知道别人的需求是什么，总认为自己最好。所以，一个职场人士，要经常反省自己，我在组织里扮演什么角色？我是主要演员吗？有没有人比我演得更好？我怎样才能演得更好？等等，千万不要自认做得很好。换言之，只要你符合别人的需求，即使你不好，对方也会夸你好。反之，如果不会在组织中生存并且有所贡献，不知道公司的需求，只活在自己的世界里，即使你学历、能力都不错，离职的日子相信也不会太远了。吸取教训吧，现在社会没有人会养兵千日、用在一时，更没有人会养一个眼高手低、不切实际的人。

4. 不愿改变的人

有些人总在怨天尤人，却从未想过提高自己、改变自己，以适应环境。这样的人，除了为企业发展设置障碍之外一无用处。这样的人，势必不容于企业中。所以，为了不被老板炒掉，职场人士要积极配合公司的变革。当你真正做到了与时俱进，不断地改变自己去适应新技术和新文化，老板高兴还来不及，又怎么会炒你呢？

5. 工作不能独当一面的人

在一切与利益挂钩的职场，员工们往往是一个萝卜一个坑，甚至于身兼数职、以一当十。能否独当一面，早已成为老板们衡量一个员工素质的重要参考指标。如果这一指标不合格，如果你仍然在职，那可能是老板在发善心，或者说是基于多方面的考虑。但是一旦有裁员发生时，第一个被炒的对象就是你。所以，作为一个合格的职场人士，你必须熟悉你的工作，能够独当一面地处理事务。这固然需要一个过程，但你必须努力把这个过程缩短，尽早进入角色把戏唱好，最好博个满堂彩。

6. 缺乏团队精神与向心力的人

"一个好汉三个帮"，更何况我们绝大多数人还不是好汉。如果不与同事合作，我们浑身是铁，又能打几颗铆钉？弄不好还会造成内耗。这样的人，即使能力再好，也往往会成为老板们头疼并且首先铲除的对象。当然，如果你能够积极努力地与其他部门沟通、合作，能够与同仁一道为实现公司目标而奋斗，你还用得着担心被炒鱿鱼吗？

7. 不懂得承担责任的人

有些人不愿意承担责任，只考虑自己得到多少，从未想过作贡献。其实，作为职场女性，很多责任并不是你不想承担就不必承担的，有些责任是你无法逃避的。想彻底地逃避责任，除非你离开职场。反之，作为职业女性，如果你能对你的行为承担责任，接受自己应负的责任，坦然承担自己的过失，你将得到同事和领导心悦诚服的合作和支持。所以，为了不被炒鱿鱼并且在职场中有所发展，你要学会乐于承担自己的责任，勇敢承担自己的过失。反之，不想承担、不愿承担，不仅是固执和愚蠢的表现，恐怕也是你离开职场的开始。

远离"帮派"之争

　　鲁迅先生说过:"中国人到哪儿都有帮派,最喜欢的就是窝里斗。"在职场上,同事之间包括领导在内,为了共同的利益也往往会形成一定的帮派团体,一经引发往往闹得不可开交,到最后往往是两败俱伤。所以,聪明的职场女性一定要防范自己卷入帮派之争。那么,我们怎么做才能在帮派势力错综复杂的职场江湖中自保并求得不断发展呢?一般情况下,可以采取以下策略。

1. 保持等距离外交关系

　　在不结盟、不入盟的基础上,还要尽量和所有帮派势力既保持关系又保持距离,这样你就是各帮派势力争取的对象,因而你可以始终处于主导地位,可以随时调整自己的外交策略,使自己的利益受到最大限度的保护。

2. 尽快离开帮派争斗的"战场"

　　为避免城门失火、殃及池鱼,一旦发现身边有火药味,职场女性应立即远离是非之地,不给任何一方留下拉你入伙的机会,同时也就避免了误会、误伤的可能。

3. 学会"不"的窍门

　　涉及帮派之争的事情,大多错综复杂,剪不断理还乱,一旦插手哪怕只是无心之谈,都可能因此招致不必要的麻烦。因此,但凡涉及帮派之争的事情,最好以"不"的方案解决,具体说来包括不打听、不过问、不理会、不评论、不做谈资等等。

　　但是在某些时候,时势会把我们推到前头,让我们不得不在帮派斗争中表明自己的态度。此时，即便我们有决定性的话语权，也不能只讲原则不讲策略地贸然站出来表明谁对谁不对，否则得罪哪一方都会给我们造成相应的影响或危害。在此向大家推荐一些方法，即使不能令帮派双方皆大欢喜，至少能让我们少惹是非。

1. 刀切豆腐两面光

各打50大板是最不高明的调停方法，而且也只有少数高层才拥有这样的权力。对于聪明的职业女性而言，"刀切豆腐两面光"，既不讨好任何一方，也不得罪任何一方，才是最明智的选择。

2. 不评论是非

为求自保，对于双方或多方帮派在斗争中谁对谁错、谁好谁坏，既不能在任何场合发表任何意见，也不能在任何场合进行是非曲直的判断。否则哪怕你的言论"稍有不公"，立即招致一方的打击和另一方的拉拢。

3. 不向任何一方"支招"

一个高明的调停人，应该大事化小、小事化了，让双方归于和谐。如果无能为力，至少应该做到两不相助，切忌故作聪明，为其中一方支招，甚至左右逢源，火中取栗。

职场自我保护术

常言道："害人之心不可有，防人之心不可无。"在职场中打拼，与形形色色的同事相处，我们也不能把同事想得过于理想，毕竟同事之间的争斗随时随地都在发生，任何人任何单位都无可回避。那么当同事对我们不利时，我们应该怎样保护自己呢？针对不同的情况，在此特向大家推荐一些自我保护的具体方法。

1. 同事批评

金无足赤，人无完人，谁都会有犯错误的时候。如果因此影响了同事，有的同事就会对我们提出批评。尽管错误在我们，但是大多数人在遭到批评后，会感到很不舒服，甚至产生敌对情绪，根本不去理会同事提意见的初衷。要么直接顶撞，要么拂袖而去，使同事非常尴尬、下不了台。其实，这种做法与其说是同事在对我们不利，不如说我们自己对自己不利。如果同事的批评出于好心，我们非但不应生气，反而应当真诚地表示感谢，唯有如此，我们才能够认识到自己的错误并改正自己的错误，取得工作上的不断进步。否则一遇同事批评就让同事下不了台，相信以后就没有人敢向我们提意见了。这样一来，我们的前程也就可想而知了。

即使同事的批评甚至指责有失偏颇，我们也不能一味地辩驳，须知清者自清，浊者自浊，无论他怎么说，群众和领导的眼睛是雪亮的。如果他们的批评是出于好意，出于为集体考虑，我们同样应该看到他们值得肯定的一面。如果同事批评我们，是为了抬高他自己，我们也不能一味地反击。与他们相处，首要关键是做好防范工作，比如当领导让我们与他合作时，我们可以先向领导申明如果与其合作"出现问题"时怎么办，等等。

如果同他们针锋相对，不仅会影响工作和心情，还会使矛盾和冲突激化，同时也会给其他同事和领导留下我们没有风度的印象。

2. 同事打小报告

职场即战场，与某些同事发生个别冲突在所难免。但是有些同事不够光明磊落，在与我们发生矛盾和冲突时，他们往往会利用领导来压制我们，其中打小报告的方式最为普遍。对于此类同事，职场女性可用以下三种策略应对：

（1）主动出击

既然是打小报告，多半干的是见不得人的勾当。因而对付这种人，我们可以主动出击，把问题摆在桌面上谈，把事实真相公布出来，让众人从中进行评论。到时候他非但达不到预定目的，还会偷鸡不成反蚀米，不仅在领导眼中一落千丈，还会间接地让领导重新认识我们。

（2）防微杜渐

争取把工作做得尽善尽美，同时与此类同事合作时严格划清界限、明确责任，不给此类同事打小报告的可乘之机。

（3）先发制人

一旦发现同事有不利于自己的蛛丝马迹，就立即积极行动，抢夺先机，击败流言飞语，用自己的行动为自己证明。对于那些极其卑鄙的同事，一味地清高和宽容也不是办法。必要时，还要给予适当的教训，要知道除魔也是卫道。对于集体来说，某些害群之马是必须清除的。

3. 同事排挤

在竞争激烈的当今时代，进入职场实属不易，追求加薪和晋升更是千难万难。很多时候，我们总是会遭遇同事有意无意地排挤。如何才能从这种境地中走出来呢？关键需要把握好以下两点：

（1）遭遇同事排挤时，首先应该认真分析查找自己被排挤的原因。一般来说，被同事排挤的原因不外乎你拥有令人羡慕的背景、你的运气太好、领导太赏识你、你太爱出风头、你站错了队、由于你的存在使得其他同事利益受损、你和上司过于密切，等等。

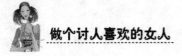

（2）找到根本原因之后，你应该积极地想办法和同事们拉近距离，最终使自己重新融入其中。具体办法很多，比如你可以利用自己的优势（也是被排挤的原因）为同事办一些事情，帮同事一把，或者把你得到的东西和同事分享分享，让同事们也尝一点甜头，平常多花点时间和同事交流交流，等等。人心都是肉长的，坚持一段时间，同事们自然就会接纳你。

4. 同事抢功

自己好不容易干出来的工作成绩，突然被同事据为己有，相信无论是谁，遇到这种情况都会非常气愤。但是气愤不能解决问题，最好的办法是把自己的功劳争回来。遇到此类同事，可运用以下策略进行自保或还击。

（1）发现同事有与你争功的可能时，应该立即委婉地告知对方，自己非常在意自己的劳动成果，绝不容许他人巧取豪夺。通过这种方式表明态度和立场，想争功的同事一般都会望而却步、铩羽而归。

（2）工作过程中，尤其是富有创新意义的工作，只要是自己确信能够干好的事情，那么可以及时把自己的工作进度通告给领导和其他同事，在领导那里先备个案，这样同事想争也争不到。在同事那里先通知一下，这样同事即使想介入也会先考虑一下：他都备案了，我介入也是白介入，还是不介入了。介入都不曾介入，他凭什么和你争功？

（3）如果上述策略仍然无法使同事停止和自己争功，那么就要拿出更厉害的方法，也就是把所有证据拿出来，把功劳拿到桌面上谈。如果你的证据切实有力，谁也争不走。如果你拿不出有力的证据，那么这次吸取教训，下次多长个心眼吧。

5. 同事嫉妒

从侧面看来，被同事嫉妒是好事，因为这说明你与同事相比有比他们强的地方。因此遭人嫉妒并不可怕。但是不能光顾着高兴，毕竟遭遇同事嫉妒会给你造成一定的消极影响。那么，如何处理同事的嫉妒心理和行为呢？一般情况下，可采用以下方法防范或应对。

（1）自己得到利益或好处时，要多想想同事，要有与同事分享的风度。一个善于分享的人，非但不会招人嫉妒，而且是大家最喜欢的人。这样的人，即使得到的好处比大家多，大家也会心服口服。

（2）工作、生活中，要尽量多与同事交往，增进彼此友谊。遇到同事嫉妒，要想想同事因为什么嫉妒我们，并采取有针对性的措施改变同事的初衷。千万不要以为自己什么都比同事强，甚至不屑于和同事来往，这只会让你更早一天自绝于人群。

（3）有可能的话，尽量给同事创造一些能让他们自己产生成就感的机会，不要把机会自己一个人独占。如果实在没有机会，不妨对同事多多赞美和肯定。

积极应对老板挑刺

　　眼看着身边的同事加薪的加薪、晋升的晋升，自己不仅原地踏步，而且经常被老板当成反面教材，遇到这种情况哪个职场人士不郁闷、不懊恼？遇到这种情况时，我们最应该做的，应该是冷静地面对现实，想想为什么总和老板处不好关系。

　　其实很多情况下，老板对我们挑刺，并不是因为我们的工作出了问题，而是因为你与领导的关系不好。如果不引起重视并及早改善，这种关系还会日益恶化，最终让双方在抱怨声中一拍两散。

　　所以，为了避免这种谁都不想看到的结果，也为了以后的发展，当务之急是要学习一些必要的办公室艺术。如何调节并改善自己与上司和同事之间的关系，如何让自己在他们的心目中更完美一些，是办公室艺术最主要的内容。对于那些喜欢挑刺或者指责下属的老板，应该采取以下对策。

　　（1）准确地了解他对你不满的地方，有则改之，无则加勉，最终让他无刺可挑。

　　（2）表现你的忠心，获得他的信任。不管别人怎样议论你的上司，也不管他对你做了多么不友好的举动，你可以在心里恨他们，但是千万不要表面化，更不要和别人一起指责他们，尤其是那些攻击性的议论。如果能够在此时站出来为他们"澄清"或"护法"，他很快就会发现你的"忠心"，并最终改变对你的态度。

　　（3）多汇报、勤请示。在老板还没想到的时候主动汇报你的工作，在事情还没有开始前就先请示老板怎么做，不仅可以避免诸如"她不请示我，是不是藐视我啊"等误会，还可以营造一种"所有事情都是老板的决定"的既定事实，如此一来，他至少不会刻意地对你挑刺，因为挑你的工作，也是在挑他自己。不过需要注意不要事无巨细地请示，否则会给领导形成一种"这人没有主见、没有能力"的印象。

　　是不是做到以上3点就一定可以避免被老板挑刺呢？当然不是。职场中有些老板天生就喜欢挑刺，凡事都喜欢吹毛求疵。对此我们只需秉承"无愧于己，无负于人"的原则坦然处之即可。试想，当你的所作所为都经得起考验时，老板又能把你怎么样？如果他硬要逼着你下岗，就去跟他打官司！职业女性应该学会用法律来保护自己！再说，这样的老板，这样的公司，又有什么值得留恋的？与其每日在他手底下受气，还不如及早退出另谋高就呢！

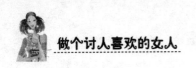

扭转被动局面

　　受多重因素制约和影响，很多职场女性往往会在一定时期内，甚至长期处于一种被动局面，比如取得成功乃至顺利完成工作的条件欠缺，容易受到同事和上司的打击或攻击，甚至连生存下去都成了问题。凡此种种，都让职场女性饱受压力和折磨。下面介绍一些有针对性的对策，有利于职场女性及早扭转这种不利局面。

1. 工作成绩不被认可

　　干了大量的工作、取得了不菲的成绩，却得不到上司的认可，搁在谁身上都是一件窝火的事。对于敏感的职业女性而言，她们更容易失去心理平衡，从而导致消极怠工，甚至对上司产生不满、敌对情绪，甚至在不合适的时间、地点和上司开战，最终被炒。其实这时候，可以这样想：

　　（1）自己为自己打分，自己肯定自己的工作，做到问心无愧，你就会生活、工作都很开心。

　　（2）如果你足够聪明的话，你应该超越名利思想。想得到上司的认可，就是想得到某种名利。超越了这种高度，你就不会对领导有意见了。

　　（3）群众的眼睛是雪亮的，即使上司不承认你的成绩，但成绩谁也抹杀不了。再说了，有本事、敬业的员工到哪都能获得认可。如果领导再不思悔改，就可以考虑走人了。

2. 工作中遇到了困难

　　几乎所有的职业女性都会在工作中遭遇这样那样的困难。这也从侧面说明，遭遇困难是非常正常的事情。不同的是，人们在面对困难时的态度。在困难面前，职业女性要有足够的信念和勇气。事实证明，一个人如果对自己心存疑虑，那么他极有可能会失败；相反，一个人如果确信自己一定能够战胜困难并切实努力，那么他肯定会成功。面对困难，只有一个办法，就是相信自己。

3. 在工作中受到歧视

不客气地说，职场女性之所以在工作中受到歧视，大多源自女性自身的弱点。要消除这些歧视，改变这种不利局面，就要克服自身弱点。一般情况下，以下几种弱点必须克服。

（1）能力差。如果同事或上司因为你的工作能力而歧视你，唯一的办法就是在工作中干出点实绩让他们看看。事实最能证明你的能力，也最有说服力。受人尊敬还是被人歧视，都是由事实决定的，都由我们自己把握。

（2）心眼小。很多职场女性都有过这样的体会：你越是在意，越是耿耿于怀，对方就越是有针对性地歧视你、打击你。对此，有效的解决途径是表现出你的宽容，用豁达大度的心态泰然处之。不与他们斤斤计较，时间一长对方自己就会觉得无趣，同时感佩、欣赏你的宽容心，即使是在暗地里。

（3）太软弱。人善被人欺，马善被人骑。有些女性天生软弱，被歧视时只会哭鼻子、逆来顺受。改变这种现状，必须表现出你的自尊自重，拿出神圣不可侵犯的尊严，当你柳眉倒竖地去面对对方歧视的目光时，你就已经战胜了这种歧视。

4. 在工作中受到刁难

如果在工作中受到刁难，首先要分析刁难你的人是什么居心。如果对方是男性，尤其是男上司，多半是他在利用机会使你屈服于他。面对这种情况，你可以采取曲意应酬的方法扭转不利局面，但是不能跨越有违人格尊严的底线。

如果对方是女性，那么多半是你在某些方面给对方造成了威胁。如果能够找到问题的症结，及时对症下药，问题很快就会得到解决。

其次要进行自我检讨，反省自己是否有意无意得罪了人。如果有这种情况，你就要坦诚地向对方道歉，求得原谅，化解矛盾，冰释前嫌。

如果原因出在自身能力不足上面，你就要努力学习，及时充电，尽量提高自己的工作能力。如果自己一再努力仍然力有不逮，那就要有自知之明，自动申请离开这个岗位。

如果是上司本身的原因，你也不要与上司对着干，最明智的做法是积极地与上司处好关系，求得上司的支持。如果自己费尽心力仍然无法改观，你也可以考虑找一个更适合自己的平台。

与老板"打太极"

哪里有压迫，哪里就有反抗。在职场中，确实存在着一些既不讲道理，也不讲道德的老板。一味忍辱负重、逆来顺受，只会招致更多的压迫。但是必须注意一点：职场女性反击老板时要以"经济建设"为中心，要充分运用自己的智慧。否则一味地硬碰硬，岂不是在拿自己的前途开玩笑？到那时，世界虽大，我们又到哪里去说理呢？

不过话说回来，蛮横无理乃至专事欺压员工的老板毕竟属于少数。绝大多数老板，其本质还是好的，有些时候，他们只是忽略了下属的感受，或者说是碍于面子而又不愿面对现实罢了。因此，与他们过招，最好还是"打太极"，否则一记刚猛的"七伤拳"，固然威力十足，但归根结底，受伤最重的还是我们自己。以下是一些职场达人的经验之谈，遇到类似情况时，职场女性不妨一试。

1. 私下批评，当众赞美

人们都喜欢戴高帽子，老板也不能免俗。如果当面尤其是当众听到你的赞美，他们也会觉得很有面子。所以一个员工要想在公司里好好地生存下去，首先要学会在公众场合给领导戴高帽子。如果有意见，应该私下找到老板并以委婉的方式提出，这样既照顾到了对方的面子使对方易于接受，还会让老板认识到你的深度，从而对你产生良好的印象。反之，那些在公开场合和老板针锋相对甚至比老板还嚣张的下属，只不过是逞匹夫之勇罢了。等待她们的，除了被炒鱿鱼之外别无他途。虽然有时候离开是一种最好的解脱，但是为了一时之气丢掉许多利益甚至饭碗，这究竟值不值呢？

2. 变批评为提醒

某些事情老板一拖再拖，却在拖出了严重后果时，有意把责任推卸给我们，我们要沉住气，先把批评的话咽到肚子里。待事情告一段落，我们再以委婉的方式点醒老板："上次事件责任并不在我，如果说有的话只是提醒你不够多。"这样做不仅保留了上司的自尊，也达到了我们回击对方的目的，同时还可避免与老板当即针锋相对导致事情激化的恶劣后果。

3. 少批评，多体谅

俗话说得好，乌鸦落在猪身上，只看到别人身上黑，却看不到自己也是一样的黑。生活中，人们习惯于去挑剔或指责别人的缺点，却看不见或者故意逃避自己的错误和过失，结果就会造成互相埋怨、倾轧，公司就会因此形成巨大的内耗。大河里没水，小河就会干，公司整体效益不好，员工又能怎么样呢？因此在批评老板之前，我们也要想想老板的不易，有时候他的"不善"行为可能有着某种难言的苦衷。所以，在面对老板的压迫尤其是无心的压迫时，就应该以体谅代替批评，这样会使对方更容易接受，同时也会让他感受到你的人情味。

4. 注意批评的语调

人们常说，"一样话，两样说"。相同的一句话，用不同的语调说出，让人听起来感觉却大不一样。因此即使是不得不批评老板，也应该学会用温言软语去批评他。一般来说，语句不宜过长，最多不宜超过1分钟；语速保持中等，即每分钟300个字左右；语气保持平和，最好面带微笑；用词必须委婉，并尽量多用一些敬语，恰到好处地表示出你的意思即可。

那么，如果已经不慎得罪了上司，又该如何补救呢？一般可考虑以下方式。

1. 利用轻松的场合淡化上司的敌意

与上司发生冲突后，应该想办法让不愉快成为过去。对此，你不妨在一些轻松的场合，比如会餐、联谊活动时，向上司问个好、敬杯酒，表示你对他的尊重，或者直接说出你在哪里做得不好、做得不对，上司在大庭广众之下得到了极大的满足，自然也就会消除或淡化对你的敌意。当然矛盾排解之后，你一定要注意加强自身修养，注意言行举止，如果经常犯同样的错误，那就会真的得罪上司了。

2. 尽快寻机取得谅解

消除与上司之间的隔阂是当务之急，这时候最好自己主动伸出"橄榄枝"。即使你没有任何错误，你也要有认错的勇气，找出造成自己与上司分歧的错误，求得上司理解和原谅。一个职场人士要记住：与上司顶撞、得罪上司，就是最大的错误！如果能够及时地给上司找个台阶下，即使错误在你，他也会给你机会，否则的话就显得他太小气了！不过最重要的一点，就是认错越早越好。事则夜长梦多，某些心胸狭窄的上司可能几天之后就会报复你！

"认错"的时候，需要注意场合。如果是你单独"得罪"了上司，为减少知情者，就应该与上司单独沟通；如果"得罪"上司时有旁人在场，那就应该当着知情者的面向上司承认错误。如此既可为上司挽回面子，又维护了上司的权威。杀人不过头点地，更何况错误在他们，他们又怎么会"得理不饶人"呢？

另外一个就是态度问题。即使你非常不情愿，但是千万不要写在脸上。在向领导认错时，你必须表现得非常坦承。在私下，你也要尽量扩大影响，宣传你得到了领导的原谅。千万不要当着领导一个样，背着领导又一个样，更不能一方面求得领导的原谅，另一方面却向另一领导或同事大倒苦水，说自己之所以认错实在是不得已云云。否则一旦被领导发觉，或是被居心不良的人添枝加叶地反馈到上司那儿，无疑会让你与上司愈行愈远直至决裂。

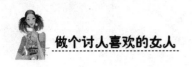

完美跳槽全攻略

　　如果某些人或某些事确实让我们忍无可忍，或者现有平台已经不适合我们今后的发展，那么我们就要考虑加入跳槽大军了。但是，跳槽毕竟是一种非常危险的动作，弄不好会让我们很受伤。所以为了跳槽以后更好一些，职业女性跳槽前一定要考虑好。

　　首先，由于属下员工频繁跳槽，使得很多用人单位对此心存芥蒂，同样这些求职者在去其他公司时也会面临信任危机。尤其是那些刚毕业的大学生为实现自我而盲目跳槽，忽视了经验、技术积累等自身素质的提高，因此会给自己的职业发展带来不可估量的损失。因此，如果你是初入职场的年轻女孩，应当理智地选择就业，不提倡频繁跳槽。

　　此外，以下三类职场女性也不宜跳槽，她们是：

　　（1）近期正在进行学习和培训的职场女性。在职业资质还没有取得的情况下，说明你的职业含金量还不够高。如果能够带着你的"金子"跳槽，才会更有把握，才能越跳越高。

　　（2）在现有工作岗位上不满一年时间的职场女性。对于大多数单位而言，尤其是那些传统型单位，由于其工作岗位性质能够给员工带来积累的速度并不是很快，所以如果在现有工作岗位上时间还不到一年，那么过早离去对你而言并没有多大价值。换言之，当你把现有工作掌握到了一定的程度再跳槽也为时未晚。

　　（3）仅仅因为与老板或与某个上司关系不好而产生离职心理的职场女性。对于职场女性而言，公司本身能否能给你带来发展空间，能否提升你的职业含金量，才是你最需要考虑的地方。如果不能忍一时之辱，甚至有时候是因为我们自取其辱就想跳槽，试想到哪里又能不受一点挫折和打击呢？

排除以上3种因素后，跳槽之前还要考量以下因素：

（1）是否拥有积极、成熟、承担压力的心态；

（2）跳槽之后的工作能否对自己的未来发展产生积极影响；

（3）人才市场是否有适合自己的岗位，有多少；

（4）自己的能力是否足以胜任相应的岗位；

（5）雇主是否会真诚地接纳我们；等等。

此外，为保自己的职业生涯越走越稳、越走越宽，跳槽时和跳槽后我们还要学会与老公司、老领导、老同事相处。具体说来，包括以下几点。

（1）临走时，站好最后一班岗，负责到最后一分钟。这样做可以让同事和上司自始至终认可你的职业修养，也可为日后保持良好的关系打下坚实的基础。

（2）临走时，务必留下彼此的联系方式，最好与老板和同事吃上一顿轻松的晚餐。以后要不时打个电话保持联系，关心公司和同事的发展，聊聊行业的发展动态。有空的时候可以回公司看看，带些最新的行业信息或小礼物。所谓山不转水转，有了充分的回旋余地，你的职业选择就比其他人更多一些。

（3）永远不要在别人面前说前任老板的坏话，即使你是在非常不愉快的情况下离开。要知道，维护以前公司的形象，也是在维护你自己的形象。此外，如果你总是在诋毁前任老板，还会引起新老板的怀疑：他今天可以在我面前如此评价过去的老板，明天会不会在别人面前这么评价我呢？

（4）即使你跳到了一家非常不错的公司，也不论你的能力有多强，决不要看不起以前的同事。和他们保持必要的联系和友谊，给予他们必要的尊重，不仅可以让我们在遇到某些事情时有熟人可找，而且也有利于我们建立彼此之间更高层次的信任和友谊，有时他们还会为我们带来更多的朋友和合作伙伴。

（5）遵循商业规则和做人准则，绝不透露公司的商业机密。如果唯利是图，不但阻断了你日后吃回头草的机会，甚至还会因此惹上官司，得不偿失。

第六章

在男人世界游刃有余

男人的一半是女人，世界的一半是男人。作为一个当代女性，尤其是职业女性，自然少不了要与形形色色的男人打交道。所以，聪明的职业女性需要在男人世界中巧妙把握，把自己巧妙地融入其中，走出一条属于自己的路。下面，就让我们一起来领略其中的奥妙吧！把握相应的技巧和方法，无论在哪儿，你都将如鱼得水，备受欢迎！

慎重应对上司的晚约

　　无论是工作中，还是生活中，职场女性都免不了要和男人接触。其中，与男上司的交往，尤其是在男上司热情邀请你同赴晚会或共进晚餐时，必须引起足够的注意。发生这种情况，不管是出于工作需要，还是为了双方的友谊考虑，贸然拒绝势必伤害上司的自尊心；但是倘若不明白上司的真正用意和居心就欣然应允，恐怕也会给自己带来麻烦，甚至身心俱伤。因此，职场女性特别是年轻貌美的职场女性，应该慎重应对上司的晚约。一旦遇到这种事情，职场女性可根据具体情况选择以下几种方式予以应对。

1. 巧于应对

　　如果你同意赴约，就一定会有所应酬。但在应酬的过程中，一定注意要把握好分寸。

　　一是要言辞适当，切忌失礼。在人际交往中，只有邀请者才是主人，被邀请者通常都是客人。因此，在谈话时不要喧宾夺主。适当的言辞，不但能够显示出自己的素质和教养，也能够表示出对主人的尊重。反之，只会给上司留下一个不稳重、多嘴的坏印象。

　　二是要饮食适量，切忌贪杯。适量的饮食既能表现你领受了上司的邀约之情，又能体现出女性的优雅气质。特别是在饮酒的时候，如果贪杯过量，不仅是对上司的不尊重，还可能会给自己带来一些不必要的尴尬。更可怕的是，贪杯误事，醉后失态，让自己的形象受到极大的损伤，这样一来便真的得不偿失了。

　　三是要适时辞别，切忌贪恋。如果你的上司是一个正派的男士，那他不管谈公事还是谈私事，都会把握好谈话的时间。倘若他是一个不正派的男士，那他约你大多是为了发展私人感情，或者只是公司以外的闲聊，当你无意与他交谈的时候，最好的办法就是适时地提出告辞，不要为了顾及面子而长久贪恋在那里。辞别办法有二：一是请你的男朋友定时来接你回家；一是站起来直接握手作别。因为与异性单独邀约，加之酒精的作用，极容易言及情感，夜长梦更多，或者留下后患。适时地辞别，不仅能减少后顾之忧，还能让上司了解到你做人的原则性很强。

2. 善于婉拒

如果你不想赴约，就一定要设法拒绝，但是直截了当地回绝会让对方难以接受，从而使气氛显得尴尬。此时可以换个方式婉拒，让上司不损颜面地明白你的意思；或者找个理由推托，让上司碰个软钉子，从而取消邀约。

某公司办公室秘书小何面容清秀，亭亭玉立，被称为公司一枝花。

一天下午，公司总经理刘总把小何叫进办公室，约她下班后共进晚餐。小何不明白总经理为何邀约自己，但是听说总经理为人非常好色，便不想前往。于是她装出十分抱歉的表情说："刘总，谢谢您的邀请，可我这两天患了肠炎，肚子一直不舒服，白天跑了好几趟厕所，晚上回家准备打点滴。实在不好意思，刘总。"

小何的话委婉中肯，总经理虽然心中不快，但也只好就此作罢。

如果你实在找不到好的借口去推辞，那就只能"舍命陪君子"了。既然同意赴约，就应该精心打扮一番，但是不宜刻意装扮。一般来说，应该注意做到三要三不要。

一是要发型整齐，切忌披头散发。不管留什么样的发型，都要做到简洁整齐，大方得体。整齐的发型不但可以展现女性的严谨、干练，还能给人以有风度、有气质、有条理的感觉。而一个时尚、张扬的发型，虽然能够增加女性的活力，但处在温馨晚餐的氛围中时，容易让男上司难以把持甚至做出意想不到的举动来。

二是要化妆清淡，切忌浓妆艳抹。身在职场，装束不要过于浓艳，因为那样容易让同事尤其是男上司想入非非，对自己造成潜在的伤害。而清淡的化妆不但能表示出对上司的邀约非常慎重，还能体现出对上司的尊重之意。清淡妆大多以粉底为佳，适当着红，轻点朱唇，淡描秀眉，以展示女性的庄重和自然美。

　　三是要着装淡雅，切忌袒胸露背。赴男上司的邀约，穿一些白色或素色的衣服，既能让对方感受到自己的高雅气质，又能展示自己俏而不妖的形体美。应邀者切忌为了展示自己的女性魅力一露再露，否则会让男上司误以为你在挑逗他而难以自控。

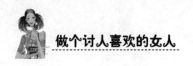
5 锦囊避开上司性骚扰

男上司的性骚扰令许多职场女性头疼不已——愤而辞职，总感觉这份工作着实不易；隐忍下来，又整天生活在担忧和烦恼里。性骚扰，这早就不是什么新鲜话题了。在职场中，那些有魅力的女性，尤其是那些过度表现自己"魅力"的女性，往往会成为男上司的性骚扰对象。

常见的性骚扰主要有三种：一是身体的接触，二是语言的挑逗，三是非语言的行为，比如寻机占女性便宜、公众场合讲色情笑话、在女性面前做出有性暗示的动作等等。为了最大限度地避开上司的性骚扰，同时避免由此带来的负面影响，职场女性有必要掌握以下 5 个锦囊。

1. 有些忌讳要注意

为了有效避开男上司的性骚扰，职场女性应该做到下面几点：

(1) 注意自己的言行。作为女性，如果你的行为不检点、举止不庄重，就会在不知不觉中给对方一种可以逾越鸿沟的鼓励。如果你在与上司单独接触时言语不慎、行为开放，那么不正派的上司就会更加放肆地对待你。到那时，受伤害的只能是你自己。

(2) 不要过分体贴。对男上司的感情生活和身体健康表现出过分的体贴，很容易让他和其他人对你产生误解。引来别人的流言飞语不说，还会使男上司误以为你在暗恋他，从而对你产生一种超越上下级关系的情感，导致双方都陷入尴尬甚至暧昧的境地。

(3) 不要给对方可乘之机。当你独处的时候，尤其是在晚上加班时，如果男上司借故来到你的房间，你一定要打开房门，问他："这么晚了，你有什么东西要借吗？我马上就要回家了。"这样不但让对方无机可乘，还会让他知难而退。

（4）尽量避免与男上司单独出差。如果是因自己工作范围之内的事需要和上司一起出差，那是无可推脱的。但有个别的上司，为了达到自己的个人目的，往往会事先布置好，然后找各种借口和你一同出差。对此，应该特别谨慎对待，尽可能找理由避免和他一同出去。

2. 拉上司的太太做挡箭牌

如果男上司找借口邀约你，你不妨利用他的太太做你的"挡箭牌"。比如，你可以装傻："哦，你太太也和你一起来吧？"或者，你可以高兴地说："噢，你顺便介绍你太太给我认识吧！"另外，你可以想办法得到上司家中的电话号码，在必要时打电话找他太太，与她交朋友，或拉她过来做你的"挡箭牌"，这样能够让那些对你别有用心的男上司彻底死心。

3. 拿对方的短处做要挟

如果受到男上司的骚扰，你可以准备一个小型录音机，在他挑逗猥亵你的时候，悄悄地把录音带放到他的办公桌上。这样你就可以录下他的挑逗言语，迅速掌握主动，然后以此做要挟，令他日后对你不敢再有丝毫放肆。

4. 提出警告

对于那些有色心没色胆的男上司，你可以绵里藏针地警告他。当你发觉他有不轨企图时，应该立即用语言或行动向他表明，你是不可侵犯的。如果他视而不见，你可以暗示他如果不停止，你会张扬他的行为，让他在名誉地位和下流行为之间做出选择。这种对策会让那些重名利、怕老婆的男上司对自己的行为有所收敛。

5. 拒绝的时候给上司留面子

不管你的男上司有多花心，但他毕竟是你的领导。如果让他在你面前丢了面子，那么你很快就会丢了工作。遇到男上司性骚扰的时候，你不妨直说出来："对不起，我想过一会再来找你谈工作比较好。"或者你可以直接选择起身离去，但事后你一定要表现得若无其事，不可咄咄逼人、让他无法下台。

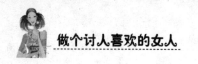

打消上司的"邪念"

如果你的上司频频约你单独外出，那么即使他目前没有非分之想，你也应该小心谨慎了。因为这样的情景往往是不寻常关系的前奏。

莫飞玲小姐在一家大型IT公司做销售，这份工作极具挑战性，不仅需要充沛的体力和精力，还需要丰富的专业知识和冷静的市场分析能力。另外，她所在的公司实行末位淘汰制，任何人完不成公司规定的任务，都会面临失业的压力。因此，莫小姐做得非常卖力，天道酬勤，她的业绩也一直节节攀升。前不久，莫小姐百尺竿头更进一步，一举做到了公司的销售冠军。因此，她得到了顶头上司、销售部谢经理的青睐。

不久后，当莫小姐再一次凭借自己的能力为公司签下了一个大单时，兴高采烈的谢经理当即表示晚上要请她吃饭，莫小姐也欣然同意。可是从此以后，谢经理经常请莫小姐吃饭、跳舞、泡酒吧、打保龄球，借口大多是庆祝莫小姐的出色表现和骄人业绩。有时莫小姐并不想去，但是看到谢经理恳切的眼神，想想对方又是自己的上级，总是不好意思拒绝。再后来，谢经理每次出差回来，还会为莫小姐带回一些精致的小礼物。所有这一切，当然都被同事们看在了眼里。

好事不出门，"坏"事传千里。慢慢地，许多同事开始在背后议论莫小姐和谢经理两个人，尤其是那些对莫小姐出色业绩心怀妒忌者。谢经理知道后总是淡淡一笑，不置可否。而莫小姐却苦恼不已，她那相恋三年的男友听到传闻后更是深信不疑，因为莫小姐曾经多次与谢经理吃饭吃到很晚。男友揣测，莫小姐一定是利用谢经理才做出了那些骄人的业绩。不管莫小姐怎么解释，男友只是不听。最终，两人各奔西东。

可以肯定地说，在职场上，遇到类似情况的女性绝对不止莫小姐一人。有鉴于莫小姐等人的前车之鉴，职场女性，尤其是年轻漂亮的职场女性，在遇到类似情况时，一定要学会拒绝，学会说不。不管在任何时间、任何地点，职场女性都要遵循起码的处事原则。比如，工作之中应该服从上级的安排，踏踏实实地做出业绩来；工作之外应该做到不卑不亢，学会保护好自己。在遭遇上司性骚扰时，一定要懂得拒绝。而且另一方面，拒绝上司并不一定是坏事，向上司展示你成熟的矜持和个人的尊严，让他对你产生敬畏之心，也有助于提高你在他心目中的地位。

当然了，拒绝对方，打消上司的"邪念"，要讲究方式方法，比如下面故事中的叶子。

叶子是一个活泼开朗的姑娘，不仅深受同事们的喜爱，也让她的上司蒋老板害了相思病。终于，在一个月光如水的夏夜，蒋老板热情地邀请叶子共进晚餐。两个人坐在露天咖啡馆里，边吃边聊。突然蒋老板用力握住叶子的双手，激动地说："小叶，从我第一眼看到你时，就喜欢上你了，你愿意做我的女朋友吗？"叶子愣了一下，马上反应过来，她抽出双手，淡淡一笑说："我难道不是你的'女朋友'吗？"蒋老板惊讶地看着叶子，一脸的尴尬和疑问。叶子继续说："我们是朋友，我又是女孩子，我当然是你的'女朋友'啦。"蒋老板立刻明白了叶子的言外之意，顿时释去了脸上的尴尬，笑着说："是的，是的，你就是我的'女朋友'。"

此外，微笑也是打消男上司"邪念"的有力武器之一。应对那些足够聪明并且识时务的上司，这种方式不失为化拒绝于无形的至高境界。

"小徐，晚上有时间吗，我们吃顿便饭，顺便谈谈工作。"某公司总经理对秘书徐小姐说道。徐小姐没有直接回答，只是浅浅地一笑，做欲言又止状。

"哦，你今晚有约会啦？"上司问道。徐小姐微笑着点点头。

"哦，真对不起，那改日吧。"上司笑着说道。

总而言之，职场上免不了想入非非的男上司，一味忍让、隐忍不发，只会让他们得寸进尺，最终化色心色胆为实际行动。只有从一开始就给予巧妙回击，才能将他们的邪念扼杀在萌芽状态，才能让我们少些烦恼。

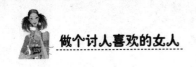

认清好男人

俗话说："知人知面不知心。"女人想要找到心仪的男人，首先要懂得如何看透男人。虽说认识男人、了解男人并不是什么难事，但是要把他们看透、看懂，却需要一定的功力。那么，如何才能在茫茫人海中找到一个值得托付的好男人呢？在此建议女性朋友们，在你准备将自己托付给对方之前，不妨冷静地分析一下他的为人，看看是否真的值得托付终身。一般来说，女性朋友可从以下几个方面分析一个男人。

1. 好男人的工作态度与众不同

（1）公事包中的秘密

公事包是男人生活中的重要物品，你不妨打开他的公事包，看看里面是一张张 CD，还是一本本专业书籍；是一叠叠漫画书，还是一本本商业杂志；是一张张游戏卡片，还是一页页有用的公文。要判断一个男人是否好学、上进，看一下他的私人物件就可以知道。

（2）是否常常换工作

跳槽换工作，只要能得到更好的发展空间，本是无可厚非的。但接二连三地常换工作，便有问题了。在与他交往的过程中，要注意观察一下他为什么要换工作，或者他经常以什么方式换工作。如果他常常是夹着尾巴逃离这家公司，又漫无目的地走进另一家公司，说明他缺乏面对困难的压力和面对新环境的适应能力，这样的男人，也一定不是个有责任感的男人。

（3）如何工作和休息

好男人要有上进心，懂得什么是"学就学个踏实，玩就玩个痛快"，知道如何分配自己的作息时间，如何调整工作和休息之间的关系。好男人对待工作的态度是：工作时发挥自己最大的才能，尽心尽力地去完成自己手头的工作。但在工作之外，要学会抛开工作、完全放松自己的身心。只有懂得怎样去休息的人，才懂得如何更好地工作。

2. 好男人有自己鲜明的性格特点

（1）生活中有情趣

工作之余，每逢休息的时候，你约他一起吃饭、看电影，或者想让他陪你去散步、逛商场，他总是一脸疲惫，找借口推辞不肯去。这就表明这个人缺乏生活情趣，没有干劲。如果他总能在与你交往时，不断地给你一些小惊喜，喜欢营造一些小浪漫，就表明这个人具有温暖气质，生活中总是充满情趣。与这样的男人交往，你也会整天生活在快乐的氛围中。

（2）谦虚谨慎，有独特的见解

生活中，有些男人特别爱"吹牛"，喜欢在别人面前卖弄自己；有些男人特别爱"炫耀"，喜欢在别人面前谈及自己的身份和地位。而真正的好男人，说话总是谦虚谨慎，又不乏幽默，对待事情的看法总是一针见血，又不盲目自大。与这样的男人交往，你会感觉如沐春风，不知不觉中被他的才华和气质所吸引。

（3）能够虚心听取别人的意见

金无足赤，人无完人，每个人都会存在或多或少的缺点和不足之处。有些男人，一听到别人对他提意见，就摆出一幅苦大仇深的样子，拂袖而去，把别人晾在当场。而真正的好男人，却能够虚心听取别人的意见。当然这并不代表他没有立场、缺乏主见，反而更能显示出他博大的胸怀和包容的心态。

3. 好男人在同性中人缘极佳

（1）富有活力，对朋友有正面影响

好男人通常充满朝气，富有活力，做人堂堂正正，做事干净利落，对自己严格要求，对别人包容谦让。这样的人，往往能对身边的朋友产生正面的积极的影响。当你有困难时，他会成为你的避风港；当你感到疲惫的时候，他的肩膀就是你依靠的力量。这样的朋友，就像黑夜中的明灯，大

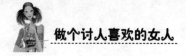

海中的救生艇。

（2）风趣幽默，让生活充满笑声

一个富有幽默感的人，通常会让身边的朋友充满情趣和笑声。在他面前，一切困难、挫折，都能在笑声中轻松对待、轻松解决。这样的男人，总能保持一颗平和的心，总能坦然面对一切困难和挫折。与这样的男人在一起，你会感觉到踏实、快乐，自己也能变得乐观、坚强起来。

（3）老成稳重，有足够的安全感

一个优秀的男人，为人处世应该老成持重，具有足够的耐性和韧性。这样的男人，往往会受到长辈的看好和倚重，往往被加以重用。这样的男人，也往往能够得到同辈或晚辈的爱戴，成为他们信任和依赖的人。这样的男人，做事往往有魄力，而且敢于承担责任。与这样的男人交往，你会感觉非常有安全感。

远离办公室"桃色新闻"

办公室就是一个小小的"社会"，喜怒哀乐面面俱到，酸甜苦辣五味俱全。在办公室里，"桃色新闻"是最让人敏感的，也是时常发生的。对于这种事情，如何防微杜渐是十分重要的。事实证明，很多男女同事之间的微妙关系都是从小事开始的。所以，每一个职业女性，都应该对此有清醒的认识，并且在小事上加以检点，不要给男同事以暧昧的感觉。下面，我们将就一些具体问题给出一些具有指导意义的建议。

（1）许多公司的男职员都喜欢下班后一起去娱乐、聚餐，作为女性，如果你的同事邀请你一起去聚餐或参加活动，你应该怎么办呢？

此时一定要引起注意，尤其要避免与一位男同事单独外出，不然极容易产生问题。除非你确信已经和这个人建立了良好的友情，对方也对你没有半点非分之想。

如果邀请你的是男上司，既位高权重又极好面子，而你也很想与他接触，那么可以应邀前往，并借机向他打听一些公司的动向，交换工作心得，加深他对你的印象，为自己日后的发展铺路。这种情况下，要注意两件事：一是最好有人一同前往；二是喝酒时必须适可而止。

（2）忽然有一天，公司里某个男同事约你一起去度假，你会如何选择呢？

如果你与他平时关系相处得很好，并且十分了解他的为人，那么与他一同去游玩，倒也未尝不可。但要注意的是，即使这样也不能过于张扬，以免引起其他同事误会，为他们造谣提供依据。

如果你与他平素关系一般，没有太深的了解，那么就不必与他一起度假。除了你自己的安全没有保障外，也容易引发"桃色新闻"。这种情况

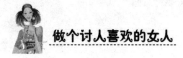

下，你要学会婉拒对方。比如你可以告诉他："哦，这个提议太好了，可惜我家里有事，这段时间不能出去。"借口有许多，只要不伤和气，怎么说都可以。

（3）作为职业女性，免不了经常出差，你应如何对待出差这件事呢？

女性的职位越高，因公出差的可能性也就越大。如果你是一个女主管，或者你是一个女部门经理，绝不应该也不能以自己是女性为由不出公差。除了一定要以饱满的热情和开朗的心境去面对每一次出差，你还要在很多方面引起注意。因为女性出差时所遇到的问题要比男性多得多。比如，你在一家酒店可能被误认为是应召女郎；你在一家客房，可能被误认为是女招待。为了维护女性的尊严，避免不必要的麻烦，你的言行举止一定要多多留意。尤其是到了晚上，虽然此时已经忙完了公事，你可以轻松下来了，衣着方面可以随便些，但是不能穿得太性感。如果你穿得袒胸露背，许多人会将注意力停留在你的身体上，这样对你的安全会有一定的影响。此外最好不要独自去酒吧喝酒，或在公众场合吸烟。一杯酒，一支烟，无疑会让你的精神松弛下来，但这样会让别人对你的印象有所下降，也会诱发好色之徒借机向你靠近。

女秘书的"魅力"误区

在职场中，年轻而又充满活力的女秘书应该懂得小心谨慎、保持低调。否则不但会引来同事的闲言碎语，而且还会耽误了自己的前程。因此，女秘书们需要时刻注意、规范自己的言行，以免陷入以下"魅力"误区。

1. 插手老板的家务事

许多企业的老板由于平时工作繁忙，偶尔会把自己的家务事交给女秘书代劳。如果女秘书把老板的家务事当成自己的日常工作，则多有不妥之处。女秘书要时刻记住：自己只是公司的普通员工，是老板的助理，而不是老板的太太。

2. 与老板发生恋情

俗话说："日久生情。"由于女秘书与老板单独在一起的时间较多，难免会成为老板倾诉压力与烦恼的对象，两人之间也极容易因此而产生感情。这种情况往往是女秘书最危险的时刻，因为老板在清醒思考后，大多会以一个借口让女秘书"扫地出门"。

3. 过度自我膨胀

在多数企业，女秘书是老板绝对的心腹之一，职业不亚于公司的一个部门经理。因此，许多女秘书常常借着老板这座靠山，在同事面前趾高气扬，谁都看不到眼里。这种过度的自我膨胀，只会让公司里的同事讨厌和疏远她。

4. 泄露公司机密

女秘书大多会和老板在同一间办公室，因此公司的重要文件，或老板

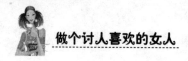

的私人信件，女秘书绝对是接触最多的。对此，一个合格的女秘书，应该对这些"机密"守口如瓶，不要向别人透露半点风声。这样才能越发受到老板的信任，否则你很快就会饭碗不保。

5. 直接指挥同事

在单位中，女秘书常常会扮演"传令官"的角色，公司里许多重要的会议或决断，常常由女秘书代为传达。但是，这绝不等于女秘书有发号施令的权力，如果经常以"二老板"自居，随意指挥同事，就会引起很多人的不满，严重影响公司的和谐气氛。

不忸妮，不退让

　　在职场上打拼，尤其是在男性居多的职场环境中，职业女性们怎么做才能应对自如、游刃有余呢？这无疑是众多职业女性的烦恼和痛苦所在。

　　其实，女性在职场中所承受的压力以及相应的待遇固然不如同级别的男人，但凡事有弊就有利，只要掌握了以下规则，你的职业生涯甚至会比那些男人们更加辉煌。

1. 要摒弃女人的忸怩

　　俗话说："忸忸怩怩上花轿，羞羞答答入洞房"，几乎所有的女人，都曾经有过天生的忸怩劲。然而，身处男性居多的职场，大家工作都非常忙，若总是不改小女人的忸忸怩怩，无疑会让人反感和质疑。因为男同事或男领导肯定会觉得她无法胜任这份工作，她的工作和前途自然可想而知了。就此退出吗？女人们当然不愿意。但这样耗下去，又有什么希望？所以寻求职场前途的白领女士们就一定要摒弃女人的忸怩，努力使自己变得更开朗、更大方一些，并发自内心地愿意并善于和周围的男人们交流、谈心。

　　比如某网站编辑雅琪，她有着不低的才情、不俗的容貌，在那个男性居多的圈子里有着一个颇为暧昧的别称：蜂后。能够让男人前呼后拥，并不是因为雅琪故意卖弄，而是雅琪性格开朗，做事果断，非常善于和男同事们交往，有着极强的自信心，同时她的智慧让那些自诩聪明的男人们也有一种棋逢对手的较量感。所以，越是以一种女性的身份去参与这种较量，她就越有成就感。同时她也了解那些男同事的心理，因此在穿着打扮上她愿意让自己多一些女人味，少一些女强人的气质。结果这让她在一群男人中间更加醒目，工作起来更加得心应手。

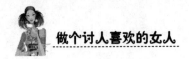

做个讨人喜欢的女人

2. 要学会与男同事做伴

有些职场女性过于迷信"距离产生美"，或者由于担心被流言飞语所伤，总是刻意地去和男同事们保持一定的距离。其实，既然我们无法改变这种被男人包围的职场环境，那么我们就应该去试着接纳并接近周围的男同事们。如果能够跨越了自己心头那道坎儿，真诚地和他们去交往，去建立友谊，你就可以更好地把握自己的工作和生活。

王帅英是一家电脑公司的市场总监，公司里中层以上的干部，只她一个女性，因为工作常需一气呵成，所以加班成了常事，没时没点，大家又都是单身，经常是一天24小时工作在一起，吃在一起，即使下班后大家找个酒吧、迪厅放松放松，但还是聚在一起。就这样"长相厮守"在一起，一开始她很不适应，因为这样的日子使她没有时间像一般女人一样去逛街挑衣服，也没有时间和女友去名流理发店排长队做头发。为此，她逐渐失去了往昔的女性同学、老乡、同事。没有了她们，她只能在公司里那些男同事身上寻找共同话题。慢慢地，她觉得自己不仅在做事方式、说话语气等方面都与那些男同事日益趋同，就连以往觉得一些枯燥无味的工作，居然也越来越得心应手起来，她的薪水和职位，也自然而然水涨船高。

与男同事的距离和竞争

和同事相处，关系太疏远了不好，关系太近了也不好。太疏远同事，同事会认为我们不合群，认为我们孤僻、高傲，会产生误解。与同事关系过于密切，同事和领导同样会误解我们，会认为我们是在搞小帮派。如果与男同事走得太近，还会招来很多异样眼光和流言飞语。因此，与同事相处，尤其是与男同事相处，最好是保持不即不离、不远不近。怎样才能保持这种距离呢？一般说来，包括以下几点：

（1）对同事的生活可以适当关心，但对同事的私生活不能热心；

（2）对同事的工作不能过于关心，但也不能漠不关心；

（3）公私一定要分明，但在某些小节问题上要睁一只眼闭一只眼；

必须承认，在办公室中抛出"距离产生美"的论调的确有点剑走偏锋，因为众所周知，人际交往其实就是心灵的交往，在这个提倡"零距离沟通"的时代，"距离产生美"显然有些不合时宜。但是事实证明，在人际交往过程中，尤其是办公室人际关系中，"欲速则不达，欲近则愈远"，甚至因双方距离过近导致无意伤害、继而演变成相互伤害的现象确实存在，而适当拉开距离，即使不能产生美，即使不能赢得同事的好感，至少能够避免相应的负面影响。

另外，职业女性与男同事交往时，必须避开"瓜田李下"之嫌。在职场中，即使双方的友谊非常纯洁，交往的目的也只是为了工作，但是异性之间终究需要保持适当的距离。如果忽视此点，交往过密，到头来只会给彼此带来麻烦，最终不仅伤害对方，也影响自己。在此建议职业女性尤其是已婚女性，在与异性交往过程中遵循以下原则。

1. 不宜隐瞒

很多已婚女性与异性同事交往时，往往由于怕引起伴侣的不悦，因此

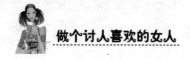

经常找各种理由搪塞。殊不知这种欲盖弥彰的做法往往会使她们跳进黄河也洗不清——如果你们的交往是正常的，那么为什么要骗人呢？因此，对于那些已有或已经确定了配偶的女性，在与男同事交往时，首先应该让自己的另一半知道。如果男同事不认识自己的伴侣，还应该介绍他们相识。如果有单独的交往，也应该告诉你的爱人，从而避免误会的产生。而背着自己的爱人与男同事交往，即使双方感情再好，都是令人难以接受的事情。

2. 落落大方

在和男同事交往时，职业女性应该落落大方。我们应该意识到，这不过是普通的交往而已，与任何同事、朋友的交往没什么两样。而且，有研究表明，诸如腼腆、羞涩等表现，很容易被人误认为是暧昧的意思。因此，在与男同事交往中，双方都应落落大方，以免引起误会，影响正常交往、工作和生活。

3. 洁身自好

在与男同事交往时，应该为自己的家庭和配偶负责，不可跨越雷池。对于追求自己的男同事，不仅应向对方说明，予以婉拒，而且也应向伴侣说明，但是切不可以此自诩，更不能以此向伴侣吹嘘，以免引起对方的猜疑、不快，甚至导致家庭破裂。

4. 注意场合

所谓瓜田李下，即是指容易引起误会的场合，因此职业女性应该尽量避免与男同事单独交往，更不能单独前往某些容易使人产生联想的场合，如娱乐场所、宾馆附近等。异性之间应该尽量避免串门，如果需要应携伴侣同往。对于职场女性来说，最好是在有他人在场的情况下与男同事谈工作，如无必要，更不要到男同事家中去谈工作。

向男人学习 7 个技巧

俗话道："妇女能顶半边天，谁说女子不如男。"但是，女人在事业上的成就，却总是无法与男人并驾齐驱。究其原因，并不在于男性、女性在专业能力上有多大的差别，而在于双方思维方式上的细微差异。女人要分得"半壁江山"，不妨从了解男人的职场游戏开始，试着像男人那样去思考、做事。虚心向男人学习，你会发现许多你之前不曾知道的"秘密"。下面，我们为您介绍女性应该虚心向男人学习的 7 个技巧。

1. 表达要言简意赅

口才好是大多数人取得成功的必备先决条件。身在职场，无论是开例会，做演讲，还是平常与同事、上司、下属、客户沟通，如果你想让对方在有限的时间里用心地倾听你的发言，你的语言就必须简短有力。如果你的主管只想听精彩的 10 分钟，而你却洋洋洒洒地讲了 30 分钟，最终势必会导致你的主管听得越来越厌烦。所以，职场女性在表达时要力争用最短的时间阐明自己的意思，打动听众的心。

2. 争取表现机会

在职场中，男人喜欢主导职场环境，一遇到机会就会表现自己，扮演"火车头"的角色。相比之下，大多数女人则习惯于默默耕耘，等待着"伯乐"的发现和赏识。但在现实生活中，等待常常是毫无结果的。所以，女人不能坐在那里孤芳自赏，整天坐在办公室里努力工作，总以为鞠躬尽瘁的自己迟早会得到老板的赏识。事实上，许多老板是不会注意到你的，除非你主动表现自己。比如，你可以主动地向老板定期汇报你的工作业绩，从侧面反映你的工作能力和领导能力；你还可以主动与其他部门打好

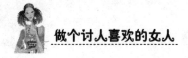

关系，与同事们打成一片，想方设法让大家在背后称赞你。当他们的称赞被老板听到后，你自然就会得到老板的赏识，进而被加以重用。

3. 正确对待同事

如果与某个同事成了"敌人"，职场女性们通常的反应是非常郁闷，虽然她们口头上并不认输，但暗地里却往往认为肯定是自己出了毛病。在之后的工作中，她们也总是习惯于寻找原因所在。而遇到同样的事情，男人们却往往无所谓，即使上班时争得面红耳赤，下班后一起打几局台球就什么矛盾都没了。在这个问题上，女人也要摆正自己的态度，不要因为和同事的关系变化影响自己的工作情绪。另外，在公司里，一定要与同事保持适当的距离，不能走得过近，否则你就会因为需要顾及朋友关系而影响工作。

4. 敢于说出自己的见解

不知你是否有过这样的经历：在公司开会的时候，男同事常常踊跃发言，滔滔不绝地发表自己的意见，女同事却往往一言不发，静静坐在那里听别人讲得眉飞色舞。其实在许多时候，女同事准备的资料往往更加完善，只是她们却很少发表自己的见解。因此在公共场合，尤其是在开会的时候，职场女性也要敢于说出自己的见解。要知道，机会从来不会从天而降，只要敢于表达，才有可能获得认可，才有可能成功。

5. 不要害怕遭到拒绝

在职场中，很多女性总是在担心自己的提案得不到肯定。其实这大可不必，因为身在职场，你的提案遭到拒绝，或者你的工作得不到肯定，是一件再正常不过的事情，而且拒绝和否定，不过表示你的提案仍有改进的机会。还是那句老话，只有永远不说话的人，才不会说错话，只有永远不做事的人，才不会做错事。因此，职场女性要彻底改变自己的敏感和脆弱，重新规划自己的生活、目标，不断地去努力、去超越自我。即使你暂时不被认可，只要肯努力、肯坚持，终有一天你会将失败和挫折变为成功，你也会得到所有人的认可和肯定。

6. 要具备团队精神

女人通常会有很强的自我保护意识，喜欢单打独斗，不喜欢和别人合作。但现代的社会是一个团队型的社会，许多事情都是靠团队合作共同完成的。许多复杂的任务，由一个团队去做，就会变成简单的事情。因此具备团队精神，并且迅速地融入一个团队，是当代女性必须学会的重要技能。职场女性应该在充分了解团队整体目标的前提下，舍弃以自己为中心的观念，快速融入团队，与大家合作，把事情做好。唯有如此，女人才能像男人们一样，更好地立足职场。

7. 拒绝抱怨

工作中遇到挑战或困难时，女人们总是习惯于向同事和朋友吐露自己的不满，抱怨事情的不顺利和自己的不开心。然而这样做，非但无益于事情的解决，反而会招致同事的不信任。其实"人生不如意事常八九"，我们每个人都会在工作中遇到瓶颈，这个时候，要学会不动声色地把压力转化为动力，积极地想办法，找到最佳的解决途径。作为女职员，要把困难埋在心里，想办法把它踩在脚下；作为女主管，要设法平衡情绪，寻找解决困难的方法。当做到了这一点，你才称得上真正的成熟和稳重，工作才有可能越来越出色。

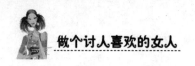
融入男人的圈子

有人说，女人有一种与生俱来的处理人际关系的天分。一般来说，成功的女性都擅长社交。当今时代，随着女性越来越广泛地融入原由男性把持的各个领域，掌握一些在男人世界中左右逢源、游刃有余的基本技巧，无疑是每个女性打造自己交际魅力的首要前提。一般说来，要想让自己在男人世界中游刃有余，必须遵循以下原则。

1. 谈话点到为止，注意保持距离

毕妍工作之余很喜欢听男同事们神侃，他们个个博古通今，历史、政治、军事、经济、文学……无所不知，无所不会。佩服之余，她也经常刨根问底，一开始他们还装模作样地为她解释。但不久之后，男同事们便有意无意地避开她。

其实，男人们在工作之余闲聊神侃，不过是为了炫耀自己的知识面广，或者说是不服气，一遇有同事神侃，他们就会想：你们知道的，我也知道；你们不知道的，我也知道！从而侃侃而谈，大打口水官司。实际上，他们所知也不过皮毛，只是互相心照不宣而已。但是女性天生的好奇心会促使她们"打破砂锅"，为了避免不在人前出丑，男士们自然会拒你于千里之外了。所以，与男同事谈话时，女性要学会不求甚解，很多时候你只要听甚至只需装作在听就可以了。

2. 看问题不要带个人色彩

"阿强阿强，一点都不强，跟他合作简直是灾难。"在某建筑公司做项目经理的苏玲经常抱怨同事阿强："他的专业知识少得可怜，一天到晚就知道陪客户吃饭、洗桑拿。我没日没夜地做计划，但人家却始终是老板眼里的红人。"苏玲的愤愤不平，不仅让自己很不开心，也给很多同事留下了恶劣的负面印象。

大多数女性看问题都会带有强烈的个人色彩，这是职场女性最易犯的最大错误。因为这种情绪会干扰你的客观判断，同时影响你实施理智的对策。当然，你可以不喜欢你的合作者，但是千万不要幼稚地认为你的抱怨可以改造他。事实上，即使是你的男友和丈夫，你也不可能完全改造他们，根本原因就在于你习惯于在看问题时加上自己的好恶。所以请记住，在职场上，你的工作范围绝对不包括改变同事的人品，你也没有对他的工作能力进行评估的权力。你与同事合作的目的非常简单——得到订金和佣金而已。更何况，很多同事往往并没有真正差到令你不能忍受的地步。

3. 坦然面对男士的否定

上个星期，白雪因为新上司对她精心策划的广告方案说了"不"字，沮丧得一连几天无精打采。她想："上司一定是觉得我不行，我该怎么办呢？"到最后，她甚至想到了跳槽。

实际上，就像那本畅销书——《男人来自金星，女人来自水星》说的一样，男人和女人来自两个星球，比说面对上司说"不"，男人们通常会把上司的"不"字看作挑战，会立即思考对策并展开猛烈攻势说服上司；而女人，由于天生的敏感和下意识的自我保护意识，往往会首先联想到她们自己不行。因此，职场女性必须明白一点：有时候上司的否定与你的能力和才华并不相关。遇到类似情况时，你要学会冷静面对，认真找出原因并切实修改你的计划，即使它已经非常优秀。

4. 合作不愉快时要巧妙应对

宋洁与一位男同事一起负责一个大项目，但男同事一开始便非常自然地将大量的文字处理工作推给她，结果宋洁的工作进度远远落在了同事后面，而男同事则优哉游哉，不闻不问，甚至吹嘘自己如何神速，如何了得。

大多数男同事都不愿意从事一些细节工作，并且借口"女同事心细如发"推脱掉。其实他们非常清楚细节工作费时费力又不容易出成绩，所以狡猾的他们往往会把目光聚焦在那些能够直接带来成果的工作上。对此，你应该给予足够的暗示，让对方明白我也不傻，如果对方还不知趣，那就找到上司，明确双方的职责，只承担自己应该做的工作即可。

5. 他们的爱好也是你的爱好

何美天生丽质，还写得一手好文章，在大学时就是学校的风云人物。但是毕业后她却没能找到对口的工作，只好先到一家销售公司任职。由于公司同事大都是男性，何美显得人单势孤，尤其是男同事们午餐过后一起谈天说地时，何美更是不知如何说起，主要原因就在于那些男同事们喜欢谈论的无非都是体育、军事、政治等方面的话题，而何美却对此不甚了了。没有共同语言，何美在公司的人际关系自然差强人意。

这样下去肯定是不行的，于是何美开始想办法进入他们的圈子。经过一番观察，何美发现，很多男同事在喜欢政治、军事等话题的同时，也很喜欢历史，尤其是楚汉风云啦，三国演义啦，宫廷秘史啦，而这正是何美的强项。于是，她找了一个合适的机会，恰到好处地露了一把，顿时"艳"惊四座，引来无数钦佩的目光。此后，何美工作之余每日里都与公司的男同事们山吹海侃，甚至成了他们的灵魂人物，每当有人为某些历史问题争论不休时，往往来找何美主持公道。

上面的例子说明，要想融入男人的圈子，你最好了解一些他们感兴趣的知识。为此，你甚至应该强迫自己看一些体育新闻，或者枯燥的政治、历史等。当你和他们说话能够说到点子上时，他们自然会对你另眼相看。

了解男性的气质类型

　　都说有气质的女人最美，有气质的男人最有魅力，那么气质究竟是一种什么东西呢？古往今来，人们对气质有不同的解释，中国古代有阴阳五行说，古希腊有体液说，当今社会有血型说、星座说、激素说、体型说等。不同的学说有自己不同的标准，这其中影响最大的是古希腊名医希波克拉斯"液体病理说"所提出来的"四气质说"。这种学说根据人体内的四种体液，即血液、黏液、黄胆汁、黑胆汁而把人的气质总体上分为"胆汁质"、"多血质"、"黏液质"、"抑郁质"四大类。不同的人都分别属于这几种类型中的一种，这种学说直到今天也让人们深有同感。

1. 胆汁质

　　胆汁质又被称为兴奋型，这种类型的人敏感多动，情绪反应强烈而持久，反应速度快但不灵活。在日常生活中，胆汁质的人常常会给人感觉精力旺盛、不易疲惫，但自制力差、办事粗心，偶尔还爱冲动等。

　　在性别方面，胆汁质的男性多表现为才思敏捷、热情好动、情绪反应强而难以自制；女性多表现为活泼好动、热情肯干、积极主动、精力充沛，但对于生活中遇到的困难不善思考和克服。

2. 多血质

　　多血质类型的人往往充满朝气、热情活泼、有同情心、交际能力强，但也容易出现变化无常、为人浮躁、情绪不稳定等特征。这种人反应迅速，喜欢交际，情绪兴奋度高，具有较大的可塑性。

　　具有这种气质的人，在工作和学习上富有精力并且效率很高，工作能力强，适应变化快。他们思维敏捷、姿态优雅、善于交际，有着很强的表

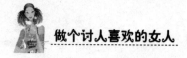

达能力和表现欲望。这种人在集体中积极向上、朝气蓬勃，有极强的集体感和上劲心，对于新鲜事物，他们能迅速掌握并融入其中，但这种气质的人富于幻想，缺乏耐性和毅力，不愿做细致的工作。

3. 黏液质

黏液质类型的人稳重、安静、自制力强、善于忍耐、注意力非常集中，但反应速度较慢。

具有这种气质的人，在生活中会是一个任劳任怨的辛勤工作者。他们沉着冷静，恪守自我职责，有条不紊地从事着自己的工作。他们话语不多，从不轻易把自己的情感暴露在外，遇事总能三思而行，平素善于忍让，不会轻易发火。但这种气质的人做事却不够灵活，不善于转移自己的注意力。太过谨慎的性格，使得他们原则性有余，灵活度不高，往往由于注意力不能转移而显得固执拘谨。

4. 抑郁质

抑郁质类型的人，他的情绪兴奋性低，但体验深刻，对社会、对人生体会较深。这种人反应速度慢并且不甚灵活，平常为人刻板、性格内敛。但这种类型的人感受性高，耐性较差。

具有这类气质的人，大都多愁善感，极为敏感，内心丰富而外表冷漠，他们情绪体验少，而且较为脆弱，大多喜欢安静，平素沉默寡言，办事稳妥，为人可靠，比较容易相处，因此人缘极佳。不过这种人缺乏自信心，办事不果断，生活中常常喜欢独来独往，工作中容易疲惫，疲惫后又不容易迅速恢复。

小心应对 7 种男人

虽说世上的男人并不像歌中唱的那样——十人男人九个坏，但是生活中，站在女性的立场，在与以下几种男人打交道时，女人们一定要小心应对。

1. 很酷、很深沉的男人

这种男人总会表现出莫名痛苦的样子，他们貌似深沉、愤世嫉俗，但实际上，他们并没有真正经历过人生的风雨，他们不过是"为赋新词强说愁"、无病呻吟而已。无论在什么情况下，这种男人都是不能碰的，因为他们总是生活在自以为是的悲惨世界中，和他们交往，你总有一天也会被影响得痛苦不堪。对此，那些向往爱得轰轰烈烈的女孩尤其应该引起注意。当一个男人故意装作很深沉、很酷的时候，你不妨把他看轻些。因为那些经历过大喜大悲的男人，绝不会幼稚到故意表现出历尽沧桑的样子。

2. 过分追求名利的男人

追求名利原本无可厚非，而且一般情况下有事业有地位的男人也最受女人青睐，但是如果一个男人过分看重名利，尤其是那些出身贫寒却一心想出人头地的男人，他们往往会为了名利牺牲感情，转而选择那些能在金钱、权势、能力等方面助他们飞黄腾达的女性。如果你不想在关键时刻被他抛弃，那么请在一开始就避开他。

3. 浪子型的男人

浪子型的男人交游广阔、风流不羁，他们说不上是更爱美人，还是更爱江山，但可以肯定的是，他们从不打算一辈子对着一个女人。在他们的字典里，根本就没有感情专一这四个字。也不要试图说服或感化他们，因

为这根本就是对牛弹琴，而且结果往往是你被伤害的同时，被他们取笑跟不上时代。对此，你千万不要相信什么"男人不坏、女人不爱"的谬论，除非你不在乎天长地久，只在乎曾经拥有。

4. 大男子主义者

一般来说，大男子主义者喜欢呼呼喝喝，经常是一副对女人极不在乎的样子，经常是把"大丈夫何患无妻"挂在嘴边上。在他们的世界里，女人就是男人的附属品，女人忍辱负重，非常的自然而然。需要注意区别的是，有的男人不过是虚荣心作祟，想在人前争点面子而已，如果你爱他，那就迁就一下他的大男人尊严吧。如果他的骨子里就是大男子主义，那么还是不爱的好。

5. 油腔滑调的男人

这种男人的口才极好，而且非常擅长恭维，在人前，他们从来都是社交辞令一大堆，溜须拍马一大套，拍得某些不谙世事的女孩迷迷糊糊、沾沾自喜。对于这种男人，你不如把他的承诺当作无谓的话题，千万不要当真，否则吃亏的肯定是你自己。必要的时候，你还可以在他们许诺时让他们用实际行动去证明自己的说法，此时他们的油腔滑调必然会不攻自破。

6. 女人缘太好的男人

这种男人用迷信的说法看就是天生命犯桃花，他们总能博得女人的好感，他们也总是对每一个女性都很关照，俨然一个可亲可敬的大哥哥。对于这种男人，保持纯洁的友谊并非完全不可能，但是切忌不要与他走得太近，更不要奢望得到他的全部爱情。因为一个对每一个红颜知己或好妹妹好朋友都事无巨细大包大揽的男人，即使能够顾及你，也只能是分一杯羹。

7. 过分注意形象的男人

有些男人甚至比女性还注意形象，他们的穿着永远隆重得体，他们的头发永远纹丝不乱。表面看来，这种男人是在尊重别人，其实这种男人从本质上来说是以自我为中心的人。如果你没有和他实际接触过，千万不要为他们光鲜亮丽的外表所迷惑。

必须铲除的 5 种男人

俗话说："麻雀虽小，五脏俱全。"办公室里也是鱼龙混杂，不可能每个职员都是精英，这其中难免有几个"不良分子"。这些男人每天堂而皇之地出入在写字楼里，就坐在你的办公桌对面。这些男人可能相貌不俗、衣冠整齐，但他们却长着一副坏心肠，他们缺乏同情心，没有君子风度，甚至既不讲道理也不讲道德，为你制造些许小麻烦更是他们的拿手伎俩。好在要认清这些"披着羊皮的狼"其实并不难，下面这几个方法，就能帮助你快速地找出这些"伪君子"。

1. 缺乏爱心的男人

这种男人经常会在人前夸耀自己的家庭如何美满，自己的妻子如何温柔贤惠，但是一旦当他与妻子发生了感情问题，他们立刻就会原形毕露，对自己的妻子冷嘲热讽，甚至恨不得把硫酸泼到妻子脸上。这种人，也常常在人前夸耀自己对儿子疼爱有加，儿子是如何乖巧懂事，但是也许就在当天晚上，就会传来他酒后打断儿子手臂的消息。对于这种口是心非、缺乏爱心的男人，我们一定要敬而远之。

2. 缺乏孝心的人

羊有跪乳恩，鸦有反哺意。对于父母，每个人都应该孝敬和关爱。但是却有一种人，在与同事的交流中，常常会以嫌弃和责怪的口吻来诉说父母的麻烦与累赘，并时常发表精妙的言论说：当今社会讲究"自力更生"，父母还不算太老，也应该自己独立生活。这样的人，连自己父母都不孝顺，连自己的父母都嫌弃，你就不要指望他日后会在工作中对你有所关爱和有所帮助了。

3. 缺乏责任心的男人

懂得负责、敢于承担，是每个职场人士必须具备的基本品德之一。可是却有这样一种人，他们不管是在工作中还是在生活中，不管是在面对公司利益时还是在处理个人感情时，总是事事以"我"为核心，一旦对自己有所"损伤"，他肯定会坚定地站在自己的一边，把一切都置之脑后。这种男人心里从来没有过别人，更不会把公司的利益看在眼里，他只是当一天和尚撞一天钟。如果身边有这种同事，那么不管他多么有才能，我们也千万不能接近他。

4. 缺乏同情心的男人

看到同事遇到困难或者听到哪里有灾害时，这种男人的第一反应是冷笑，然后轻松地说上一句："唉，太不幸了，幸亏不是我。"这样的男人，想要得到他的帮助简直比登天还难。如果你在工作中遇到了什么难题，千万不要跑去请这种男人帮忙。因为他除了会笑话你之外，根本起不到任何作用，甚至于还会到处宣扬你无能、办事不力，等等。对于这种缺乏同情心的人，不仅不能与他打交道，还要尽量远离他。

5. 缺乏真诚的男人

当这种男人在你面前献殷勤，或是装作很关心你的样子，你可要小心了，他肯定是在打你的主意。如果你还没有成家，他就会以痴情王子的形象出现在你眼前，风度翩翩地约你吃饭、跳舞、看电影，甚至会单独约你去他的卧室。如果你已经结了婚，他又会把你当成自己最可靠的朋友，不时向你诉苦，诉说自己的婚姻如何不幸，甚至会时不时地流下几滴痛苦的眼泪，博取你的同情和好感。但是终有一天，他会露出他狰狞的面目，让你猝不及防。一旦他有机可乘，占了你的便宜，你再回过头去找他的时候，他脸上的表情肯定会"晴转多云"，不会再做出任何对你负责的事情。而你，此时除了有苦难言之外，只能是欲哭无泪。对于坏男人，你千万要提防他。

如果你的上司是这种男人，而你却因为公司的待遇或发展前途不错不想离开时，你要采取敬而远之的态度。工作中有事情严肃汇报，工作之外则老死不相往来。不要给他任何一个伤害你的机会。如果这种男人是你的同事，你最好选择一个离他远点的办公桌，在同事的聚餐中，也不要与这种男人结伴前往，更不要结伴回家。

　　面对这种缺乏真诚的男人，不管他们怎样绞尽脑汁、想方设法与你套近乎，你也要关紧自己思想的大门，不让他走进你的世界，不然你的生活会被他搅得乱七八糟，极有可能"一失足成千古恨"。

应该珍惜的 9 种男人

职场女性往往会遇到各种各样的男人，有的如同生命中的过客，你可能还来不及对他驻足打量一眼，他已经匆匆离开了；有的如同生命中的太阳，你即使不和他在一起，他也会永远温暖你的心房；有的则如同自己的伴侣，他永远是你依靠的肩膀。在各式各样的男人当中，有哪些人是值得职场女性去珍惜的呢？在这人潮汹涌的都市，在这来来往往的人流中，有这样9种男人，你一定要好好去珍惜：

1. 和你相伴一生的人

对于他，你一定要百分百的感激，感激他对你无私的爱，对你无微不至的关怀，你要知道，你的幸福，有他辛苦付出的结果；你的成功，有他默默奉献的一半。

2. 和你曾有误会的人

正是这样的人，给了你更加努力、拼命奋斗的理由。但趁着彼此都年轻，趁着他还在，最好和他深入交谈一次，澄清误会。因为你的一生中，有可能只有一次解释的机会。

3. 匆匆离开你的人

你要感谢他陪你一起走过的这段路，感谢他曾经带给你的这一段美好的回忆。这个生命中的过客，是你回忆中不可缺少的一部分。所以，要感激他，感激这段一起走过的岁月。

4. 真正爱你的人

也许，你们最终并没有走到一起，也许，你对他还带着敌意。但当一切过去之后，他的面容却能够留在你的记忆里，请感激他，感激他对你那一瞬间的真爱。

5. 相交一生的朋友

朋友是我们每个人人生路上不可缺少的"伴侣"，人海中难得有几个真正的朋友，正是因为有了他们，我们的人生才更加美好，珍惜你们一起走过的岁月吧，这是一笔宝贵的财富。

6. 人生中的贵人

没有他们，你可能还在重复以往那种忙碌的生活，或是简单的贫穷，正是他们，给了你机遇，让你的生活有了转机，一定要好好地感谢他们，永远珍惜这份恩情。

7. 曾经背叛你的人

正是他们的背叛，才会让你更快地成熟起来，对这个世界有更深刻的认识。也许，你们一生都不再见面，但正是他们促进了你的成熟和成长。

8. 你曾经恨过的人

他们曾经让你怨恨，但也正是他们，才使你变得更加坚强。在这短暂的一生中，正是因为有了这些人，你对这个世界才会感受得如此深刻。

9. 你曾经爱过的人

请面带微笑地同他们打招呼，因为正是他们，让你懂得了什么是爱，什么是爱一个人的感觉。请把他们也永远地珍藏在心中吧。

第七章

好心态造福女人一生

气候有冷暖，人生有四季。人生在世，有谁能事事如意？所谓的"万事如意"，不过是人们的美好祝福而已。面对失意，有人选择了坚强，有人选择了逃避，更多的人，尤其是那些天生柔弱的女人，则往往选择了抱怨。然而，抱怨非但解决不了任何问题，而且还让她们像鲁迅先生笔下的祥林嫂一样，让人避之唯恐不及。其实，她们只不过是习惯了将所有负面情绪和消极观念统统背在肩上。困扰她们的是心灵，而不是当下和未来的生活。因此，现代女性首先要拥有良好的心态，学会不抱怨。只有让自己的心灵时刻洒满阳光，你的世界才能够缤纷闪耀，你才能够感染身边的每一个人。

变抱怨为自信

很多人可能会问，抱怨与不自信有什么关系？这两者似乎很难联系起来。其实不然，我们常说"抱怨是无能的表现"，那些喜欢抱怨、习惯抱怨的人，无一不是自卑、消极、平庸得可怜。遇到挑战，他们会说"不行不行我不行"；遇到挫折，他们会说"我恨我恨我真恨"；遭遇失败时，他们会大发感慨："看来我真的不行，看来这个世界真的是'不如意事常八九'啊！"……可见，抱怨的实质就是对自己的不信任，消极的心态和行动则是抱怨的根源。

反观生活中的勇者，他们的字典里从来没有"不可能"，当然更没有"抱怨"。压力越大，他们的激情越高涨；困难越多，他们的心境越平和。无论身处何时何地，他们总是高呼着"我能行"，自信满满地奋勇前进，百折不回。

命运对于刘娟来说，可谓不太公平，由于家庭条件不好，她不得不中途辍学养家。更为糟糕的是，由于小时候的一场车祸，她的一条腿留下了残疾。因此，即使是做普通工作，刘娟也往往感到很吃力。

一开始，刘娟和几个同乡一起进了广州一家电子厂，她根本跟不上传送带的节奏，虽然忙得满头大汗，但和其他工友相比无疑差得很多，这自然影响了整体效益。于是，领导对她发脾气，同事们对她不满意，有的人甚至讽刺她说："你天生不是干活的料，不如回家领点地凑合着混日子得了。"刘娟知道，自己的确影响了同事们，因此她从不计较，相反她决定用行动证明自己能干好这份工作。于是，她每天早出晚归，甚至以厂为家，每天不是研究技术就是研究工作要领，一天到晚累得满头大汗。

正所谓天道酬勤，渐渐地，刘娟的工作越来越出色。到年底时，她竟然被评为了年度最佳员工，不仅受到了领导的奖金嘉奖，而且还被提升为车间主任。但是刘娟并没有满足，在工作中，她每每身先士卒，更好地促进了企业的发展，同时赢得了上司和下属的尊敬，最终在工作3年后被提升为副厂长。

必须承认，世上的事情的确十有八九不如人意，很多时候甚至令人心酸。但是一味地抱怨总不是办法。抱怨非但于事无补，反而会使我们失去冷静、平和的心情以及前进的动力。刘娟的成功，再次印证了这样一个道理：即使我们并不优秀，甚至有着明显不足，只要拥有信心和百折不挠的勇气，我们最终能够劈开困难的枷锁，赢得胜利。而那些只知抱怨、缺乏信念的人，往往只能在对别人的羡慕、对自己的懊悔之中虚度一生。

哲人说："如果不能改变，那就要学会适应。"于是乎很多人学会了适应。但是他们与其说是在适应，倒不如说是在苟且偷生。苟且偷生之余，他们还要抓紧一切时机发泄他们的不满，抱怨上帝的不公。

很显然，他们曲解了哲人的根本用意：山中有狼，这个现状鹿改变不了。鹿变不成狼，但是鹿不能因为狼的存在，就躲在灌木丛里抱怨上苍不公平！它必须永远奔跑、永远奋斗，直到强壮了自己、强化了基因。它们不能改变自己是鹿、注定要被狼吃的宿命，它们只能通过改变自己，尽量谋求生存。

同样的道理，抱怨也不会使人更聪明、更强大。唯有"自助"，才能有"天助之"。因为"天若有情天亦老"，上帝如果有了同情心，这么多失意的人，他怎么帮得过来？

所以，如果你还在抱怨，请从现在开始立即放弃抱怨，转而用积极的眼光看世界，用信心去改变你自己。请记住：一棵草改变不了大地，但它总能选择根的深度。当自信深种在你的心田，抱怨将没有丝毫的立足之地！当你付出了足够的努力，你也一定会成为一个出色的职业女性。

避开自我定位的陷阱

　　时下有一句流行语，叫做"有什么样的定位，就有什么样的人生"。大意是说想成为成功人士，首先需要为自己选择一个明确、具体的目标，比如你想拥有多少金钱，拥有什么样的社会地位，取得什么样的成就，等等。毫无疑问，一个有了自己的人生定位并能为之付出不懈努力的人，相对来说肯定比那些飘忽不定、内心迷惘的人更容易接近成功。可是反过来说，就算你自己定位了，如果自我定位不切实际，或者你缺乏健康良好的心态，同样也不会取得成功。随之而来的，自然是日复一日、日益严重的抱怨心态。

　　众所周知，现在普遍存在着大学生就业难的问题。在全球金融危机日益严重的今天，在每年新增数百万大学毕业生的今天，就业危机是不可回避的现实，而且在一定时间内不可能得到100%的解决，甚至会更加严峻。但是另一方面，我们的"天之骄子"们在抱怨压力大、竞争激烈的同时，是否曾经考虑过自己的自我定位存在误区呢？或者说，你是不是一个眼高手低的人？

　　她是某省师范大学的毕业生，在校期间各门功课都很优异，毕业后却被分配到了一个小城市当老师。一直想留在省城发展的她一下子进入了平庸、繁琐的现实，仿佛从天堂掉进了地狱。为了改变自己的命运，她把全部希望都寄托在了研究生考试上，并将这看成唯一的出路。

　　但是由于诸多方面的原因，她的努力并没有换来期待中的成绩。为了自己的前途，她再次鼓起勇气，凭借着强大的意志再起捧起书本，然而第二次考研仍然没有成功。第三次失败之后，她几近崩溃，而且由于她一心考研，极大地影响了正常授课，经过研究，校方果断地将她开除了。这一次，她彻底崩溃了。在一个宿醉的深夜，她用一瓶安眠药结束了自己年轻的生命。

我们不难看出，"她"的种种遭遇乃至最后铸成悲剧，皆因自我定位过高、不肯面对现实而起。生活中，也经常可以听见人们把"知足常乐"、"只摘够得着的苹果"、"比上不足比下有余就行了"等等挂在嘴边上，然而这些话说起来简单，做起来却很不简单！人类从来就不缺理想，或者说叫贪欲，也可以说是上进心。从小到大，几乎每个人，甚至还没上学的小朋友，都会在家长们的"教育"下纷纷树立远大的理想，比如"我要做大老板"、"我要做大官"等等，我本人就亲自听到一个 5 岁的小朋友说长大要做国家主席！

这里抛开他们的理想是否可行、能否实现不谈，类似的家长无疑从一开始就把孩子引上了自我定位的误区，那就是做事要做大事、赚钱要赚大钱、做人要当大人物。诚然，这是值得肯定的理想，也是每个人的权利，但是你凭什么认为自己一定会成功呢？也许你会说只要肯努力就一定会成功，丑小鸭还能变成天鹅呢？那我告诉你，追求成功并没有错，但是努力却不见得一定会成功，尤其是那种幻想式的成功。丑小鸭能变成天鹅，那是因为它体内原本就有天鹅的基因！如果你只是一只普通的野鸭，或许努力会让你变得更强壮一些，但你永远都不可能飞上蓝天。与其如此，何不选择一条更适合自己走的路呢？虽然你做不了五星级大酒店的经理，但是你可以自己开一家小餐厅啊！而且随着你的能力的提升，经营五星级酒店也不是梦。反之，努力了却达不到自己的预期目标，除了极少数人会认为是自己努力得不够之外，大多数人都会抱怨社会的不公。

当然，我们的宗旨永远都是激励每个读者走向成功。那么面对激烈的社会竞争，当代女性怎样做才能做到稳中求胜、险中求安，最终打拼出一片属于自己的天地呢？在此为大家提供几点建议，希望对女性朋友们有所帮助：

（1）积极肯定自我价值，乐观面对压力和挑战，制定出清晰的自我定位目标，并及时细化、优化、纠正、甚至放弃目标。

（2）正确看待自己的优势和弱点，理性看待自己的缺点，做到有则改之，无则加勉。

（3）遭遇挫折和失败时，要不断总结经验，及时调整自己的心态，脚踏实地、一步一个脚印地做好每一件事情。

（4）杜绝好高骛远，严禁朝三暮四，更不要试图走好两根钢丝。

（5）善待周围的每一个人，处理好人际关系，不断培养自己的人脉。

总之一句话：没有明确的自我定位不行，自我定位不切实际也不行。唯有找到适合自己的人生目标，激励自己并付出不懈的努力，梦想才有实现的可能！如果拿不准，只需记住，保守一点总好过狂放。

不要盲目与人攀比

《牛津格言》中说:"如果我们仅仅想获得幸福,那很容易实现。但我们希望比别人更幸福,就会感到很难实现,因为我们对于别人的幸福的想象总是超过实际情形。"

的确如此。生活中,很多女性总是在哀叹自己的不幸,却对他人羡慕得无以复加。她们总是在抱怨:

——小林都涨工资了,我却还在原地踏步,到哪儿说理去呢?

——高大姐买新房子了,她和我一块进的公司,看看人家,再看看自己,唉……

——人家的孩子怎么就那么争气呢?看看自己的孩子,真是没办法……

实际上,事情完全不像他想的那样:小林根本就没涨工资,只不过是她爱面子吹牛罢了;高大姐买的新房子全靠贷款,刚刚买完房就后悔得直想跳楼;而她自己的孩子也不见得就真的不争气。

梦想归梦想,现实归现实。类似的慨叹和抱怨,相信很多女性都曾经有过。看着别人有钱,嫉妒;看着别人有权,诅咒;看着别人有闲,羡慕;看着别人晋升,委屈……还有些女性尤其是年轻女孩羡慕影、视、歌、运动明星,看到他们整天被包围在鲜花和掌声之中,就垂涎三尺,认为痛苦与他们无缘。其实,人生失意无南北,名人自有名人的烦恼。是种种变态心理,直接催生了她们的盲目攀比心理。她们永远看不到,自己有聪明的孩子,有体贴的爱人,有知心的朋友,有一个温暖的小家,有一份儿比上不足但比下有余的收入……就像漫画大师朱德庸说的那样——我相信,人和动物是一样的,每个人都有自己的天赋,比如老虎有锋利的牙齿，兔子有高超的奔跑、弹跳能力，所以它们能在大自然中生存下来。人们都希望成为老虎，但其中有很多人只能是兔子。我们为什么放着很优秀的兔子不当，而一定要当老虎呢?!

当然世界少不了攀比，而且从一定意义上说，攀比还是人类进步的侧面动力。一个人想在社会上确定自己的位置，并不断超越自我，必须选定一个参照物。但是，我们提倡的是理性的比较，而不是盲目的比较。我们可以不知足，但是不能盲目攀比。否则就会失去自我和特色，到头来只能是徒增烦恼。

星期一早晨，万方公司的销售经理黄威突然向总经理提出辞职。鉴于黄威才华出众、业绩超群，总经理对他多方挽留，不但主动给他增加薪水，还承诺在短期内给他晋升职务。原本想跳槽的黄威最终打消了念头，继续留下来为公司服务。

这个消息很快传到了人事经理吕凤的耳朵里。她想，我也是个不可或缺的部门经理，不如向黄威学习，总经理肯定也会给我升职加薪，以作挽留。

经过准备，她走进了总经理办公室，表示自己也想辞职。

不料总经理非常爽快地答应了，毫不犹豫地对她说:"那好吧!既然你去意已决，我也不好强人所难。祝您另谋高就，前程似锦!噢，对了，请你尽快补交一份辞呈给我。"

原来，由于吕凤一向表现平平，总经理早就对她有意见，好在她比较老实、听话，只是一时间找不到适当的机会而已。这次她主动送上门来，总经理正好顺水推舟。

故事中的吕凤弄巧成拙，不但没有像黄威那样得到升职加薪的优厚待遇，反而连原有职位也丢掉了。之所以落得如此下场，完全是由于她的盲目攀比之心。如果仅仅是失掉了工作，也许你应该庆幸，看看生活中，因为攀比之心葬送了自己和亲人幸福的例子难道还少吗?

所以，人必须正确掂量自己的分量，给自己一个恰如其分的定位。如果看不到这一点，一味盲目与别人攀比，就会对自己产生错觉，从而做出傻事，最终搬起石头砸自己的脚。

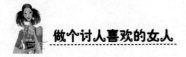

　　有句俗语说："人比人，气死人。"事实上，人与人互相比较、竞争都不要紧，也很正常。只有看到自己的短处，才有可能尽快弥补，不断进步。而那些因为人比人而被气死的人，往往是因为他们自身性格和心理上的缺陷，导致了他们不可救药的自卑，即使他们已经非常优秀。比如《三国演义》中感慨"既生瑜何生亮"的周瑜，比如童话故事中每日反复叫着"魔镜魔镜谁最美丽"的王后。很多人就是这样，总是习惯于拿别人的长处来和自己的短处作比较，和别人比自己没有的东西。这样的人，其幸福指数自然跟不上那些想得开、吃得饱、睡得香的"没心没肺"的人。

　　所以，现代女性应该学会正视自己，学会自我开释。只要退一步想，你就会发现，生活中的很多事情其实并不需要太在意。真正需要我们在意的，是怎么才能及早消除盲目攀比、自我折磨的变态心理。

走出虚荣的死胡同

客观地说，虚荣心并非一无是处，它是一种追求表面上的荣耀或光彩的心理，或者说是人们对表扬或赞美的渴求。我们经常说某人爱慕虚荣，不过是说他很看重表面的东西，而不注重内在的修养。这种心理可以在一定程度上激发我们的心灵力量，促使我们去达到预期目的。

但是，如果一个人的虚荣心泛滥，甚至达到某种变态的程度，这个人便会形成不务实的浮夸思想，轻则得不偿失，重则身败名裂，当然也少不了怨天尤人。所以，我们应该把握住虚荣的尺度，否则走进了虚荣的死胡同，可就很难掉头了。

可以肯定，这个世界上每个人多多少少都有点爱慕虚荣，男人注重面子、名誉、地位、票子、车子，女人则注重衣着、容貌、老公、房子、孩子，即使是我们一度认为天真纯洁的孩子们，也未能幸免于虚荣心的俘虏，让我们看看下面这个发人深省的小故事吧：

2007年年底，山东《新商报》、《长河晨刊》等多家媒体披露，家住山东德州某社区的7岁小男孩肖辉（化名），在某小学上一年级，虚荣心极强。肖辉的母亲告诉记者："我每次送孩子上学，刚到学校大门口外面的小拐角时，他就不让我进去了，生怕同学老师看见我。后来他二姑一来我们家，他就粘住他二姑，一会儿给洗苹果，一会儿又给扒香蕉，还把自己的玩具拿给他二姑玩。看得出，他是在千方百计讨好他二姑，因为他希望他二姑能够开车送他上学。"

"后来，他二姑就开车送了他一次。谁知那次以后，他就再也不许我和他爸爸接送了，还跟同学们介绍说送他的'姑姑'是自己的'妈妈'，以前来送自己的'妈妈'，不过是家里雇来的'保姆'！"

"说起来，这也不怪孩子，他的同学家里七成都有私家车。我们实在是太穷了。"最后，肖辉的母亲颇有些自惭形秽地说。

问题出在哪里？《新商报》的记者一语道破——正是家长们在面对孩子时不自然地表现出来的由于没有优越条件而自惭形秽的畸形虚荣心理，才使我们的孩子受了虚荣心的传染，变得一个比一个市侩。古有"认贼作父"，今有"认姑作母"，但这又怎么能怪我们的孩子呢？

不难看出，当今社会普遍存在的虚荣心其实是世人对名利的变态追求。虽然它貌似注重荣誉感，实际上却是对道德荣誉的背叛。好在物欲横流中，总有人能不为所动。在他们身上，我们或许可以找到早已迷失的自我。

法国电影明星洛依德开着一辆法拉利跑车进入了一家检修站，一个女工接待了他。

这是一个年轻的女孩子，她的美貌让洛依德心猿意马，她灵巧的双手更让人一看就知道她不是普通的花瓶女。唯一让他不太满意的是，整个巴黎都知道他——大名鼎鼎的影帝，这个女孩子却没有丝毫的惊异和兴奋。

"您喜欢看电影吗？"洛依德试探着问。

"当然喜欢，我是个影迷。"女工手脚麻利，很快检修完毕："您可以开走了，先生。"

"小姐，您可以陪我兜兜风吗？"洛依德恋恋不舍。

"不！我还有工作。"对方居然拒绝了他。

"这同样是您的工作。"洛依德可是个情场高手，怎能轻易放弃？他笑笑说："您修的车，最好亲自检查一下。"

"好吧，是您开还是我开？"女工同意了。

"当然我开，是我邀请您的嘛。"洛依德一边坐到驾驶座上，一边回答。

车子行驶得很好。

"看来没什么问题，您送我回去吧。"女工说道。

"怎么，您不想再陪陪我了？我再问一遍，您喜欢看电影吗？"

"我回答过了，喜欢，而且是个影迷。"

"既然您喜欢看电影，那您知道我是谁吗？"

"当然知道，您一来我就认出您是当代影帝阿列克斯·洛依德。"女工平静地回答。

"既然如此，您为何对我这么冷淡？"

"不！您错了，我没有冷淡。我只是没有像别的女孩子那样狂热。您有您的成就，我有我的工作。您来修车是我的顾客，如果您不再是明星了，再来修车，我照样会接待您。人与人之间，不就应该这样吗？"

洛依德沉默了。在这个普通的女工面前，他感觉到自己是多么浅薄和狂妄。

"小姐，谢谢你！您让我意识到，我应该认真反省一下自己了。现在让我送您回去，下次修车我还会找您。"

后来，这位女工成了洛依德的妻子。

人生在世，谁不希望活得更体面些？谁不希望受人尊重？可是一旦把握不住其中的尺度，心态就会出轨，欲望就会泛滥，结果要么是对自卑的安慰，要么是对自尊的亵渎，最终总是逃不脱抱怨和被抱怨的宿命。

所以，作为一个现代女性，首先应该放平自己的心态，认识到"天生我材必有用"，既不要为自己有所专长而自命不凡，也不要为自己暂时失意灰心丧气。只有不攀比、不崇拜、不抱怨、不沽名钓誉，我们才能脚踏实地地积极进取，拥有自己真实的高度，把握自己身边的幸福。

珍视身边的幸福

佛经中有这样一个故事:

有一天,佛陀外出云游,路上遇见一个诗人。诗人年轻、有才华、富有、英俊,而且拥有娇妻爱子,但他总觉得自己不幸福,逢人便抱怨上天对自己不公。

佛陀问他:"你不快乐吗?我可以帮你吗?"

诗人回答:"我只缺一样东西,你能给我吗?"

"可以。"佛陀说,"无论你要什么,我都可以给你。"

"是吗?"诗人盯着佛陀,一字一顿、满脸怀疑地说,"我要幸福!"

佛陀想了想,自言自语道:"我明白了。"

说完,佛陀施展佛法,把诗人原先拥有的一切全部拿走——毁去他的容貌、夺走他的财产、拿走他的才华,还夺走了诗人的妻子和孩子的生命。做完之后,佛陀立即离去。

一个月后,佛陀再次来到诗人身边。此时的诗人,已经饿得半死,躺在地上呻吟。佛陀再施佛法,把一切又还给了诗人,然后悄然离去。

半个月后,佛陀再次去看诗人。这一次,诗人搂着妻儿,不停地向佛陀道谢。因为,他已经体会到了什么是幸福。

生活中,我们不正像那位诗人一样吗?——对自己身边的幸福视而不见,却苦苦寻觅所谓的幸福与快乐。其实生活就是这样,它在无形中就已经给了我们必须的东西,是追逐的目光和抱怨的心理,使得我们不懂驻足欣赏我们已经拥有的美丽。当一切失去时,才蓦然发现它的珍贵。

艺术大师罗丹说过:"生活中并不缺少美,只是缺少发现美的眼睛。"处在当今社会的物欲横流中,每个人的脚步都变得越来越忙碌,很多人的眼光都变得越来越势利，人们忙着追求，忙着索取，直至失却了沉静的本能，成为物质的奴隶。人们最常说的一句话就是："钱不是万能的，没有钱却是万万不能的。"诚然，物质是生活的必需，但是不要忘了，用心感受快乐和幸福，这并不会影响你的追求。

也许有人会说，有谁愿意抱怨啊？你是不了解我的痛苦！确实，生命的苦旅中有无数艰难险阻，甚至让人难以承受。但是抱怨又能怎样呢？而且当你看完了下面的故事，相信大多数人都会明白，我们甚至没有抱怨的资格！

2004 年 5 月的一个晚上，在 12000 余名听众雷鸣般的掌声中，一位"半身人"用双掌撑地，一步步地走上了青岛天泰体育场的主席台。

这个半身人来自澳大利亚，名叫约翰·库缇斯，天生没有下肢，但是他却用双掌走遍了世界上 190 多个国家和地区，被誉为"世界上最著名的残疾人演讲大师"。此外，他还是全大洋洲的残疾人网球赛的冠军，是游泳健将，甚至会用两只手开汽车。

"大家好！"打过招呼，库缇斯拿起了桌子上的矿泉水瓶子，边比划边说，"从一出生我就是个悲剧，当时我只有矿泉水瓶这么大，两腿畸形，医生断言我活不过当天，可我活到了现在，35 岁的我依然健在，而且经常在世界各地旅行……"

库缇斯一口气讲了半个小时，其间，观众们的掌声几乎就没停过。最后，库缇斯突然举起手里的一件东西说："我非常感谢青岛朋友的热情招待，我下榻的宾馆条件非常好，但有一样东西让我不知所措，服务生却每天都会把它放在我的床头。"说完，库缇斯把他说的东西扔向了听众席，原来是一双一次性拖鞋。

听众席一片肃静。

"如果你能穿拖鞋的话，你是幸运的，你是没资格抱怨的！不是每个人都能够穿拖鞋的！"库缇斯大声说。听众席上立即爆发出一连串的喝彩声，紧接着响起长久的掌声。

哲人说："苦海即是天堂，天堂也即苦海"。有时候我们明明生活在天堂，却总是觉得自己苦不堪言；而我们意识当中的苦海，却有很多人生活

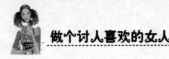
得不亦乐乎。这一切，其实都源于我们的心态是否平和，我们是否足够坚强。最后再问一句：和库缇斯相比，你有没有资格抱怨？如果没有，还是及早放弃抱怨，学会珍惜吧！只要抛开那些无谓的烦恼和杂念，学着去适应、去发现、去感受、去改变，你一定会摆脱抱怨的束缚，发掘到幸福快乐的真谛。

公平的真谛

公平是什么，不公平又是什么？这是一组非常深刻而微妙的哲学命题。在这里，我们抛开那些深奥的大道理不谈，只说说公平或者不公平与抱怨或者不抱怨的关系。

先来看一个公平的故事：

美国的布鲁金斯学会多年来以培养世界上最杰出的推销员著称于世。该学会有一个传统，那就是每期学员毕业时，学会会给他们设计一道最能体现推销员实战能力的实习题。

在尼克松当政时期，曾经有一位学员成功地把一台微型录音机卖给了尼克松总统。为了奖励他，学会赠给了他一只刻有"最伟大的推销员"的金靴子。但是在接下来的 26 年时间里，却再也没有人能够获此殊荣。

最有意思的是，在克林顿当政时期，学会居然给学员们出了这样一道难题：请把一条三角裤推销给现任总统。

后来克林顿卸任，小布什走马上任，学会的实习题也有所改变：请把一把斧子推销给小布什总统。

由于之前 26 年时间里无数前辈都无功而返，使得许多学员都放弃了角逐金靴奖。他们抱怨说，这个任务并不比推销三角裤简单，因为现任总统根本不需要斧头，即使需要也用不着他们亲自购买。

直到 2001 年，一个名叫乔治·赫伯特的推销员的出现，才再次打破了这一推销极限。然而，用乔治·赫伯特自己的话说，他却没花多少工夫。他说："我认为把一把斧子推销给小布什总统是完全有可能的，因为总统在得克萨斯州有一个农场，里面有许多树。于是我给他写一封信，信中说：'总统先生，有一次我有幸参观了你的农场，发现里面长着许多大树，有些已经死了。我想您一定需要一把斧头。眼下我这里正好有一把非常适合砍伐枯树的斧头，如果您有兴趣的话，请按这封信上的地址给予回复。'后来，他就给我汇来了买斧头的钱。"

曾经有记者这样问过布鲁金斯学会的负责人：26年时间里，学会培养了数以万计的推销员，也造就了数以百计的百万富翁。难道说他们的能力真的不如乔治·赫伯特吗？为什么不把金靴奖发给他们？换言之，布鲁金斯学会不公平。对此，该负责人回答道："这只金靴子之所以没有授予其他的学员，是因为我们一直想寻找这么一个人，这个人不因有人说某一目标不能实现而放弃，不因某件事情难以办到而失去自信。"

在乔治·赫伯特成功之前，布鲁金斯学会的每一个会员都有机会赢得金靴奖，这就是公平！当乔治·赫伯特将那把斧头成功地推销给小布什总统后，他就赢得了金靴奖，这也是公平！与此同时，他的成功有力地证明了这样一个哲理：很多我们自认为难以做到的事情，并不见得真的难以做到，而是因为我们失去了自信和积极的进取心，有些事情才愈发显得难以做到。人类的通病，就是轻而易举地将某些事情用"不可能"简单化，这也是成功路上的最大障碍，如果不能打破这种精神牢笼，把对梦想的憧憬化成奋进的动力，这辈子你可能真的与成功无缘了。

所以，每一个期望自己生活得更好一点的当代女性，都应该立即为自己制订一个坚定不移的成功目标，知道自己要的是什么，并用热切的渴望、积极的行动去得到它、占有它，而不是一味地去抱怨世界的不公。因为世事没有绝对的公平，一味地追求公平只会让人心理失衡；一味地为了公平而争斗，只会让我们舍本逐末、失去更多。更何况，又有谁会在意一个失败者的抱怨呢？

再看一个不公平的故事：

大学毕业后，柳玫去一家公司应聘信息员职位，一路上过关斩将，终于杀到了老板面试这一关。谁知那位老板只是和她简单地交谈了几句，看了看她的简历，说："对不起，我们不能录用你——你连自己的简历都保管不好，我们怎么放心把工作交给你呢？"

原来早上临出发时，柳玫走得急，一不小心碰翻了茶杯，溅湿了简历，再重做一份已经来不及了，她只好带着那份留有水渍、皱巴巴的简历前来应聘，谁知问题就出在了这上面。

这能怪谁呢？回家后，柳玟没有丝毫抱怨，没有埋怨那个老板小题大做，她只是非常认真地用钢笔抄写了一份简历，并给那家公司的老板写了一封信，信中写道："贵公司是我心仪已久的单位。您对我的近乎苛刻的要求，正反映了贵公司在管理上的认真与严谨，精益求精。这也是贵公司长久以来保持兴旺发达之所在。我一定铭记您的教诲，在今后的工作中尽心尽责，一丝不苟。"柳玟发自肺腑的话语，详略得当的简历以及娟秀清丽的笔迹，让对方眼睛一亮，当即打电话通知她第二天来公司报道。

柳玟的做法无疑是正确的，因为她在遇到不公正的待遇后，首先想到的不是抱怨老板的不近人情，而是立刻采取补救措施，为自己制造新的机会。因此，不要抱怨你受到的不公平对待，"存在就是合理的"，你所受到的待遇是有它"存在"的背景、条件和原因的。一个失败的人，自身肯定会有欠缺的地方。与其抱怨别人，不如改变自己，你自己改变了，一切都有可能会改观。

所以说，世界上永远没有绝对的公平或不公平。如果不能保持端正的心态，用潇洒豁达的人生态度去生活，那么你将永远找不到公平，永远活在抱怨的天空下。更何况，公不公平对每个人来说真的那么重要吗？我们真的需要那些所谓的公平吗？谁都无法否认，在很多时候，公不公平其实并不重要。让人们耿耿于怀、愤愤不平的所谓公平，不过是人们进行争斗的借口，或者说是"抱怨症"患者的偶尔发作而已。

如果你仍然不能领悟，仍然认为世界对自己不公，那么请看下面的文字：

——如果你早上醒来时身体健康，那么你至少比世界上其他几百万人更幸运，他们甚至看不到明天的太阳了。

——如果你家里有粮食，身上有衣服，晚上有房住，那么你已经比世界上75%的人更富有了。

——如果你从未经历过饥饿、战争、牢狱和酷刑，那么你的处境至少比地球上其他5亿人要好得多。

——如果你父母双全，家庭完整，银行里有存款，口袋里有零钱，那么你的生活至少已经让一半地球人可望而不可即。

……

——如果你读完了上面的文字，那么你已经是地球上最稀有的幸运者了。因为这一方面证明你不属于另外20亿文盲中的一个，另一方面你已经领悟到了公平的真谛，并从此学会了感恩和不抱怨。

幸福的前提

"不要苛求别人，更不要刻薄自己，这样，快乐会很容易。"——这是著名作家徐璐的名言。作家就是作家，寥寥数语便告诉了我们拥抱快乐、远离抱怨的真谛——不要苛求他人。

所谓苛求，简单来说就是过分地要求。既然是过分地要求，自然没有人乐于接受。心理学家指出，无休止地抱怨，或者向他人施加压力等行为，都是对一个人的精神施暴。人们的承受能力毕竟有限，一旦这种压力达到一定程度，除了极少数人会消极躲避以外，大部分人都会本着"哪里有压迫，哪里就有反抗"的号召回敬你。无论是哪一种结果，无疑都是人们不愿看到的，无疑都会引发一连串的抱怨。

100多年前，法国皇帝拿破仑三世爱上了全世界最美丽的女人——西班牙贵族小姐欧仁妮，并于1853年和她结了婚。当时他的顾问指出，欧仁妮的父亲只不过是一个并不显赫的西班牙伯爵，言下之意他们的结合门不当户不对。但拿破仑三世反驳说："这有什么关系？她高雅、妩媚、年轻、貌美，和她在一起，我的内心充满了幸福和快乐。"

然而好景不长，拿破仑三世的爱情烈焰便热度不再，甚至差一点熄灭。因为婚后的欧仁妮固然更增娇媚，但是她作为女人固有的猜疑和嫉妒，却让拿破仑三世始料未及。

众所周知，法国人生性浪漫。为了确保拿破仑三世不出轨，欧仁妮除了反复的唠叨之外，甚至无视拿破仑三世的命令，不许他有一点个人的隐私。甚至拿破仑三世正在处理国政，或者与大臣谈论重要事务时，她也敢冲进他的办公室，大吵大闹。她担心如果让他一个人独处，他会和别的女人鬼混。

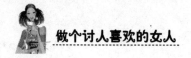

此外，欧仁妮还经常跑到姐姐家里，数落丈夫的不好，又哭又骂又唠叨，甚至说一些带有威胁性的话。

结果，二人的关系越来越糟。在《拿破仑三世与尤琴：一个帝国的悲喜剧》中，作者莱哈特这样写道："于是，拿破仑三世常常在夜间，从一处小侧门溜出去，头上的软帽挡着脸，在他的一位亲信陪同之下，真的去找一位等待着他的美丽女人。再不然就出去看看巴黎这座古城，放松一下自己经常受压抑的心情。"

人们常说，恋爱中的人，尤其是女人，都是不理智的。无论是拿破仑三世还是欧仁妮，他们都有过不理智。相比较而言，拿破仑三世不顾门第悬殊执著追求爱情的态度值得我们敬佩，而欧仁妮为爱嫉妒、为爱猜忌却值得我们深思并注意：每一个爱恋中的人，都应该明白爱不是占有。想要天长地久的爱情，首要前提就是不苛求对方，给对方足够的空间和自由。

然而，生活中却很少有人注意到苛求他人的严重性。更多的时候，人们总是过于在意自己的感受，却忽略了家人同样需要安慰和体贴。家庭生活中，相关的抱怨此起彼伏：

——你看人家阿娇的老公，住豪宅、开名车，你再看看你，怎么这么不努力，不争气？说，你什么时候给我买金项链？

——你说你怎么回回落在人家后面，你也争争气，给你老婆我争个第一回来看看！

——人家小明他爸爸都是局长级的了，你怎么还是个小职员啊！跟人一说都不好意思！

……

类似的家庭，其幸福指数有多高，相信任何人都可以想象得出来。这样的家庭，不争吵才怪呢。

对于职场女性而言，对他人是否苛求，对她的职业生涯和整个人生同样影响深远。尤其是一些初涉职场的年轻女性，她们拥有激情和梦想，敢作敢为，没有规矩和条框的束缚。这是年轻的资本，也是人类进步、社会发展的巨大动力。但是就像比尔·盖茨所说的那样——老板就是老板，职场不是理想世界。如果不能从老板的角度出发，去考虑问题，去改变自己，可能终其一生，你只能眼睁睁地看着别人住豪宅、开跑车，在抱怨中白了少年头，空悲切了。

已经做到领导阶层，尤其是正在自行创业的女性们更应该注意：不要整天把"有压力才有动力"挂在嘴边上，须知"管理无情人有情"，唯有重赏之下，才能产生勇夫。如果只知道苛求员工多干活，而舍不得必要的激励，你又怎么好意思抱怨员工炒了你的鱿鱼呢？因此，无论你是老板还是员工，当你对别人苛求的时候，不妨退后一步，看看局中的自己和别人。

对于朋友，我们更不能苛求什么。只要是我们的朋友，无论性格、能力、地位与你有多大的区别，你都应该学会去欣赏去包容去喜欢，而抱怨和苛责只会让我们失去宝贵的友谊。与其如此，为何不学着宽容？不试着给予？

所以，在这个不能苛求别人的世界，我们只能苛求自己：苛求自己对家人、对爱人、对朋友、对同事以及身边所有的人都好一点，更好一点。当你找到了自己深藏已久的爱心，当你学会了欣赏和付出，你自然就远离了苛求和抱怨。而随之而来的收获，同样会让你始料不及！笑着为自己祝福吧！

不要为明天烦恼

处在竞争激烈的商品社会，面对残酷冰冷的丛林法则，试问世上能有几人，生活得没有丝毫压力和烦恼？但是我们是否曾经冷静地思考过：人生在世，我们又哪来那么多的烦恼？同样是人，为什么有的人却那么快乐？也许，我们已经习惯了将所有负面情绪和消极观念统统背在肩上，甚至为自己原本值得期待的明天，做着太多烦恼的假设。

少林寺有个小和尚，每天早上负责清扫寺中的落叶。这可是个苦差事，尤其是秋冬之际，寺中每天都是落叶满地，小和尚每天早晨都要用去很多时间扫地，这让他烦恼不已。

一个老和尚告诉他："明天打扫之前，你先用力摇树，把落叶通通摇下来，这样后天就不用扫了。"小和尚觉得这个办法不错，第二天专门起了个大早，使劲地摇树，以为真能把两天的落叶一次扫净。

第三天早晨，兴冲冲的小和尚傻了眼——院子里依然满地落叶。这时，老和尚走了过来，笑着对他说："傻孩子，你现在明白了吧，无论你今天怎么用力，明天的落叶还是会飘下来。"

世上很多事情，就如同明天的落叶一样，是无法提前发生的，也是无法预料的，更不是人力可以改变的。但是我们总是像故事中的小和尚一样，习惯于为一些未确定的事情而烦恼。这些烦恼，都是我们心里的假设。比如："如果我考不上大学，那可怎么办呢"，"万一老板把我开除怎么办呢"，"假如老公突然抛弃了我怎么办"……种种不好的设想，会让人辗转反侧，甚至噩梦连连。同时，就像小和尚无法摇下明天的落叶一样，为那些尚未发生或者发生了我们也无能为力的事情而烦恼，除了徒增烦恼之外，没有丝毫益处。

与其如此，还不如放下执著和烦恼，饮几杯生活的淡酒，试着去接受生活的不完满，认真地过好当下的生活。这种"得过且过"、糊涂处世的做法看似是消极的人生，其实却是最真实的人生态度。虽然人生不如意十之八九，但是很多事情并不像你想象的那么严重。很多事情，都有回旋的余地，都存在着变数。而习惯于为未来担忧、烦恼的人，想到的往往是那些不好的可能，不好的变化。

另一方面，为未来担忧的人看似是未雨绸缪，但实际上是不自信的表现。有时候，我们也会为未来预先安排，但安排归安排，变化往往要比计划快。西方有句话叫做"责任与今天是我们的，结局与未来却属于上帝"，一语道破了生活的无奈和乐观豁达心态的必要性。所以，当你再为未来担忧的时候，不妨想想先哲们"难得糊涂"的逸事。当你学会了适应，抱定了"车到山前必有路，船到桥头自然直"的糊涂心态，即使未来的生活再复杂多变，也不过是"兵来将挡，水来土屯"而已。

反之，如果执著于那些尚未发生的烦恼，并为其疲于奔命，总是抱定一种"世人皆醉我独醒"的救世主心态，无疑会让我们心神俱疲，抛开"智者千虑，必有一失"不说，为了一个不确定的未来，却丢失了原本可以把握的现在，未来的美好又用什么去保证呢？还是哲人说的好："因为没有拥有现在，所以连未来也都失去了！"

话虽如此，但世人大多还是活在对明天的憧憬里。人们所做的一切，都是为了明天会更好。由于担心明天的忧患，人们害怕自己今天就死于安乐。于是人们习惯于预支明天的烦恼，希望早一步解决掉明天的烦恼。然而事实上，我们所担心的事情不一定会发生。有时候某些事情即使我们想到了，也无法有效地避免或解决，因为它们本身并非人力可以规避、转移和改变。

那么，现代女性怎样才能避免类似的烦恼呢？下面是有关专家给出的建议，希望可以对你有所帮助：

（1）不过分自责。很多人习惯于揽责，把本来属于别人承担的问题，甚至是天灾人祸都揽过来自己背着。无论遇到什么事情，他们总是习惯说："这都是我造成的"、"都怪我"等等，久而久之就会患上忧郁症，整

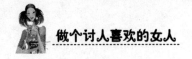

天计划着类似的事情降临到自己头上。

（2）不堆积问题。问题往往是烦恼的根源，因此当问题第一次出现时，应该立即把它迅速解决掉，如果让问题堆积下来不去解决，问题就会越来越多，越来越大，你的担心自然会越来越多。

（3）不过多追求。佛说："有求皆苦"，作为普通人，追求必要的物质生活和精神生活固然无可厚非，但是如果把目标定得太高，以至于目标高到自己根本无法实现时，人们自然就会烦恼，哀叹命运不公。如果把目标定得实际一些，类似的烦恼自然烟消云散。

总而言之，忧虑的小舟载不动明天的"许多愁"，忧虑的心灵也解不开明天的"千千结"，不管我们多么担心烦恼和麻烦，明天的烦恼仍然会不期而至。我们能够做的，就是学会不为明天烦恼，用今天的快乐去希冀明天更加美好。

读懂婆媳关系学

这是一个真实的故事：

在一个小城里，一个漂亮的女孩儿嫁给了相恋多年的男友。婚后不久，她却陷入了苦恼，因为丈夫很早就失去了父亲，所以丈夫结婚后不肯"抛下"母亲与她过二人世界。其实这也没什么，让她烦恼的是，她发现自己根本无法与婆婆相处。由于性格、时代以及生活习惯不同，她经常被婆婆的一些生活习惯搞得非常气愤。

但是为了丈夫，她处处让着婆婆。没想到，婆婆反而变本加厉，从一开始的甩脸子变成了直截了当的苛责。终于有一天，她忍不住怒火，与婆婆大吵一架，接下来便是随时随地的争吵和争斗。可是按照中国传统习俗，在更多的情况下，她不得不向婆婆俯首称臣，毕竟"万事孝为先"啊。天长日久，这样的日子让她痛苦不堪。当然，痛苦不堪的，还有她那左右逢迎、两头受气的丈夫。

最终，她决定再也不要忍受下去了，她必须拯救自己。

她找到了父亲的一位朋友杨伯伯，那是一位老中医，非常疼爱她。她把自己的处境告诉杨伯伯，并问他能否给她一些毒药，这样她就可以一了百了。杨伯伯安慰她，说她还很年轻，何必想不开呢？她终于说出了实话：能不能给她一些毒药，让婆婆一了百了！

杨伯伯掩饰住惊讶，想了一会儿，最后说："我可以帮你，但前提是你必须听我的话，按我说的去做。否则人命关天，我们两个人都吃不了兜着走！"

她说："那是当然，一切由您安排。"

杨伯伯进到里屋，几分钟后拿给她一包草药。杨伯伯特别叮嘱说："如果用见效快的毒药除掉你婆婆，肯定会让人怀疑。我给你的毒药是慢性的，毒性会逐渐在你婆婆体内累积。你要经常给她做些鸡鱼肉类，掺入少量的毒药，因为那些食物与中药配合才会生效。还有，为了不让别人怀疑到你，你必须从今天开始，对她恭恭敬敬，不要跟她争吵，对她言听计从，你可以做到吗？"

她爽快地答应了。只要能除掉婆婆，受些苦算什么！谢过杨伯伯，她立即赶回家，开始实施谋杀计划。

半年时间过去了，杨伯伯的草药就快用完了。在此期间，她恪守着杨伯伯的话，对待婆婆就像对待她的亲生母亲一样。而她的婆婆，也比以前和善了很多，后来她居然像对待自己的孩子一样对待她，逢人便夸她是天底下最孝顺的儿媳。有一次，她发高烧，恰巧丈夫出差，婆婆竟然衣不解带地服侍了她三天三夜。她被感动了，深深地后悔，她害怕有朝一日毒药发作，她失去婆婆后的生活将会是怎样。

于是，她再次找到杨伯伯，寻求他的帮助，她说："杨伯伯，请无论如何给我配一副解药，我的婆婆已经变成了另一个人，我爱她像爱自己的母亲一样，我不想毒死她了。"

杨伯伯颔首微笑，说："你尽管放心好了，我根本就没有给你什么毒药，那些草药不过是些滋补药，只会增进她的健康。其实，世上原本没有所谓的毒药，有毒的中药反倒能治大病。唯一的毒药，在你的心里。值得庆幸的是，它已经被你的爱冲洗得无影无踪了。"

千毒万毒，人心最毒！翻翻历史，不是弟弟杀哥哥，就是儿子杀父母，或者丈夫杀妻子……与他们相比，她想谋杀婆婆实在是小巫见大巫！他们为什么这么残忍？是私欲的膨胀，是真爱的缺失。他们也有爱，但他们的爱太狭隘，他们爱金钱，爱权利，爱自己，爱自己所爱的人，爱那个可怜的小圈子。一旦不符合他们的标准，就会激起心中的毒药，必欲除之而后快，而结果无一例外的都是两败俱伤！佛说："放下屠刀，立地成佛！"我们说："为了自己，放下狭隘的爱，放下自私的情感"，否则只会让你越来越痛苦，越来越远离真爱。只有大爱、博爱、无私的爱，才能遮蔽人生的风雨，才能让我们充满希望地活着，才能让我们和所爱的人爱得更久，爱得更深。

当然了，把所有的错误都推在她头上也不公平，要想避免相应的苦恼和悲剧，现代女性，无论是婆婆还是儿媳，都应该掌握一些基本的"婆媳关系学"，具体说来包括以下内容。

（1）儿媳要了解婆婆担心失去儿子的恐惧心态。身为儿媳，你必须了解，你的丈夫还是另一个女人的儿子，你的丈夫在她的生命中占有极其重要的地位，如果你让她感觉到有可能夺走这份亲情，她的内心会非常不安与失落，而且难以接受。接下来，自然会有意无意地表现出一些让你难以接受的态度。因此，聪明的儿媳要尽量避免这种情况的发生，具体措施包括站在丈夫的角度多关心、孝敬婆婆，努力让她安下心来，消除她的失落感和不安。当你做到并做好了这一点，你一定会成为婆婆心中的好儿媳。

（2）儿媳要学会适应自己的角色。很多女孩都是在父母的恩宠中长大的，在结婚以前，天塌下来也有父母顶着。可是一旦嫁为人妇，立即就要面对许多陌生的一切，必须从头开始去学习，去适应，如果做不到这一点，甚至固执、倔强、愤恨，时间一长就会变成怨妇，三天两头就得回娘家向母亲诉苦，甚至后悔不该出嫁。其实生活从来都不是一帆风顺的，关键看你能不能改变自己，能不能放弃以往那种在母亲身边做公主的心态。唯有学会面对现实，更努力一些，更忍耐一些，更大度、宽容一些，你才有可能实现幸福的婚姻生活。

（3）婆婆一定要理解媳妇所扮演的角色。也许很多婆婆都会说"我待儿媳就像对亲生女儿一样"，然而事实上，真正做到了这一点的少之又少。更有甚者，在某些传统的旧式家庭里，尤其是在某些落后的地区，至今还有视儿媳为佣人的婆婆存在。其实，"多年的媳妇熬成婆"，即使你当初受到了不公正的待遇，但事到如今，你又何必一定要把自己当年所受的苦加诸在儿媳身上呢？当然大多数婆婆不是这样想的，但是你必须明白，你的儿媳是你儿子所爱的人，就像看到你受委屈他会感到难过一样，他同样不想让自己的妻子受委屈。

总之，不是一家人，不进一家门，既然都已经是一家人了，那么婆媳双方就应该认可对方，并尽量接纳、包容对方，只有双方都把对方当成了自己的亲生母亲或女儿，你们都深深爱着的那个男人才不会夹在中间左右为难，你们的家庭生活才有可能实现真正的和睦幸福。

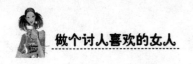

爱的极致是包容

　　人生在世，什么最宝贵？什么又最值得我们珍惜？不必犹豫，唯有爱，才能代表我们生而为人的意义；只有情，才能体现生命之花的美丽。爱如山，情如水，山水交融，才能造就人生的真善美。然而另一方面，我们的人生，却是一个爱恨交织的旅程。因为爱，我们欣喜、幸福、感动；因为情，我们彷徨、无奈、痛不欲生……没有爱不行，但执著于爱也不行，我们始终逃不脱冥冥之中的宿命。所以，有些情感我们必须放下。如果今生注定无缘，如果事实无法改变，那么请笑着包容，笑着适应。

　　十年前，健和华在亲人的祝福声中结为连理。他们穷得只剩下了亲人的祝福，除了那处聊以栖身的房子，他们的婚床都是借来的。新婚之夜，华拿出了一盏漂亮的灯，挂在屋子中央。健不解，那盏灯几乎用去了华的全部财产。华笑笑说："有一盏明亮的灯，可以照亮你明亮的前程。"健也笑笑，但不以为然。

　　后来，他们有了新家，屋子也换了更漂亮的灯。但华却舍不得扔掉那盏灯，而是小心地用纸包好，收藏起来。没事的时候，偶尔还会拿出来看看。每当那时候，华的眼睛就会泛起幸福的神采。

　　再后来，健辞职下海了，有了钱，有了更大的房子和车子，也有了情人。华劝说，努力，但健总是以各种借口外出，后来干脆彻夜不归，偶尔回家也是来去匆匆，华以各种方式挽留，但健却委婉地告诉华，他们已经无可挽回。

　　那一天是健的生日，华叮嘱他，无论如何也要回家过生日，哪怕是为了孩子。接着电话，健却想起了漂亮情人的要求。最后，健决定先去情人那里过一次生日，然后再回家过一次。

情人的生日礼物是一条精致的领带和健永不厌倦的缠绵。半夜时分，健却突然醒来，想到华的叮嘱，他急匆匆地赶回家中。

远远地，健看到自己的家亮如白昼，一种似曾相识的亲切感油然而生。当他们穷得连一张床都没有的时候，华就是这样夜夜亮着灯，直到他回来。

推开门，孩子已经熟睡，华泪流满面，坐在丰盛的餐桌旁。见健归来，华擦擦泪水，只说："菜凉了，我去热一热。"

健坐在餐桌前，却不知如何下口。华走过来，递给他一个纸盒。他打开，里面是那盏他多次打算丢掉，后来"忙"得没时间丢掉的灯。健依然不解，华流着泪说："那时候家里穷，我买一盏明亮的灯，是为了照亮你回家的路；现在我送你一盏灯，是想告诉你，你依然是我心中的明灯，可以一直照亮到我生命的结束。如果你真的喜欢她，就跟她在一起吧。如果有时间，就回来看看我们的孩子。他是无辜的……"说到这里，华已经泣不成声。

健愕然，"啪"的一声，灯碎了。那一盏灯，包含了多少寄托和期盼。而他，却把她伤得支离破碎，一如掉落地上的碎灯。他，愧对那盏灯的亮度。

最终，健回到了华身边。

当然并非所有的宽容都能令破镜重圆，但是所有的强求却毫无疑问地会令结果更坏更糟糕。生活中，很多人都想不透——为什么爱不是占有，不是获得，而是无条件的给予？却又换不到一丝回报？或者，为什么我的另一半不能更优秀一些？其实，世事无常，情事更无常。谁不想两情相悦？谁不愿神仙美眷？谁不想长相厮守？但"缘分"一词，又岂是人力可以企及？可以改变？或许，我们应该放下那些不切实际的幻梦，去寻求身边的那一份感动。"爱的极致是包容"，如果能和他长相厮守，那么请珍惜；如果不能，请潇洒地放手，并在转身之前，真诚地道一声保重。因为爱人可以走，但曾经的情意，永远也带不走。

还有一个非常奇怪而且非常普遍的问题，那就是很多人可以对朋友甚至对陌生人很宽容，但是却不能包容自己的家人。其实不客气地说，如果

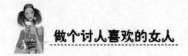

非让我们选择的话，我们更应该对家人更包容一些，比如他们的个性、缺点、贫穷……

周强是一位好心的的哥，一天傍晚，他在"趴活"时突然发现对面走来一个小伙子，他吃力地背着一个姑娘，豆大的汗珠从他的脸上滴落，看样子他已经背着姑娘走了很远，脚步越来越慢。

"怎么了？是不是病了，赶紧上车！"周强赶紧迎上去，搀扶住小伙子。

"哈哈哈……"还没等小伙子回答，背上的姑娘忽然大笑起来。

"对不起啊，我们在玩游戏呢！"看着错愕的周强，小伙子解释道。

"什么？玩游戏！你俩没事吧？"周强有一种被愚弄的感觉。

"是这样的，先生，"背上的姑娘停住笑，说："今天是我们三周年纪念日，我们早就想好了准备庆祝一下。他没钱，我们不能出去旅游，也不能在家里敞开消费，但是他有力气，所以我让他背着我旅游，好了，走吧，路还长着呢！"

在周强羡慕的眼神里，小伙子憨厚地笑笑，继续背着媳妇向前方走去。

遗憾的是，生活中懂得珍惜、懂得包容的人并不多。他们也曾有过浪漫，但他们的浪漫抵不住现实，到最后往往是"贫贱夫妻百事哀"。更多的时候，更多的人，总是在强求自己的爱人既有钱又有地位又有素质，但是这本身就不切实际。所以从一开始，此类女性的生活就注定了不幸福，不完满。有道是"家和万事兴"，对于一个家庭来说，最宝贵的就是和睦。只要夫妻二人齐心协力，互相包容，世上就没有什么办不到的。只有夫妻二人和睦相处，互相关爱，互相体谅，家庭生活才会其乐融融。

不要让冲动毁掉你的一生

有人说，冲动是一切悲剧的根源。生活中有很多原本老实本分的普通人，只因不能克制抱怨心理，结果把抱怨变成了冲动和报复，因为一些鸡毛蒜皮的小事毁掉了自己的一生。

相关调查显示，时至今日，由于一时冲动，怒火攻心而导致的犯罪案件已经远远超过了有预谋、有计划的犯罪案件数量。此类犯罪嫌疑人普遍存在着思想偏激、报复和嫉妒心强烈、爱抱怨甚至仇视社会等共性。有时稍微受到外界刺激，他（她）们便不能容忍，尤其是那些"曾经深爱"的人。

他们青梅竹马、两小无猜。他们郎才女貌、事业有成。他们在所有人的祝福声中走进结婚的殿堂，认识他们的人，无一不看好他们。但是婚后仅仅两年，他们的幸福就过早地凋谢，并以悲剧收场。

原因非常老套：婚后一年多，他出差时遇到了一个比他小两岁的女孩。女孩温柔漂亮有气质，爱他潇洒大方又多金。时间一长，二人如胶似漆，欲罢不能。

世上没有不透风的墙。不久，她便知道了真相，而且偷偷跟踪过他。她生气，但不想失去他。一开始，她还能冷静下来，像书里和电影里说的那样，用智慧对付那个女孩，用温柔挽回他的心。然而他屡教不改，反倒有恃无恐。最后，她的理智变成了强烈的冲动，只要一见面，非吵即骂。有一次，他甚至出手打了她！看着他的眼神，她终于明白，他已经不再是那个温柔的他，也不再是那个曾经属于自己的他。

我得不到的东西，谁也别想得到！于是她假装大方地说："我累了，我决定退出这场辛苦的战役。与其三个人都痛苦，还不如我退出。虽然我

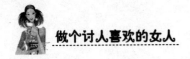

不想退出，但我只能放手。祝你们幸福！"

一番话说得他甚至有了和她破镜重圆的冲动，感动之余，他答应了她的请求，见一见那个女孩，让自己明白自己输在了哪儿。

女孩来了，三个人的晚餐在一家很高档的酒吧里进行。"果然很漂亮，可惜啊！"这样想着，她把偷带进来的浓硫酸泼向了女孩的脸……

这个故事告诉我们：也许你确实是一个受害者，但己所不欲，我们又何必一定要把伤害加诸于人呢？也许他曾经真的爱过你，也许你一辈子都忘不了他。但时过境迁，请不要在不恰当的时候再傻傻地追问：你不是说要和我一生一世吗？更不要做出傻事，伤害了别人，也毁灭了自己。一旦你选择了简单粗暴，你必须要接受冲动的惩罚，甚至是永远无法弥补的悲剧。所以，在遭遇类似情况时，我们一定要学会冷静、克制。

当然这一原则也不仅仅适用于感情方面，这也是任何人必须学会的处世技巧。很多时候，很多人都在抱怨周围的人太不讲理，缺乏道德，其实奢求交往对象都是品德高尚的人，本身就不切实际。与人相处，想要避免类似麻烦，最重要的是我们自己是否善于自持，是否善于与周围的人相处。下面的小故事，也许能为女性朋友们提供些许借鉴意义：

古印度有一个叫爱地巴的人，每次和人争执、生气时，他都会以很快的速度跑回家去，绕着自己的房子和土地跑三圈，然后坐在地上喘气。

几十年光阴弹指而过，逐渐老迈的爱地巴变成了附近最富有的人。即便如此，与人争论、生气的时候，他仍然还是老样子——绕着房子和土地跑三圈。

"为什么爱地巴生气的时候要绕着房子和土地跑三圈呢？"人们非常困惑。但是无论人们怎么问，爱地巴从不开口。

直到有一天，爱地巴很老了，他的房子和土地面积更大了。这天，他又生了气，他挂着拐杖艰难地绕着土地和房子转，整整用了一天的时间，他才走完三圈，然后坐在田边喘粗气。

一直跟着他转圈的孙子恳求说："爷爷！为了您的身体，您不能再像从前一样，一生气就绕着土地跑了。还有，您能不能告诉我您一生气就绕着土地跑三圈的秘密？"

　　这一次，爱地巴说出了隐藏多年的秘密，他说："年轻的时候，我一和人吵架、争论、生气，就绕着房子和土地跑三圈，一边跑一边想，自己的房子这么小，土地这么少，哪有闲心和人生气呢？一想到这里，气就消了，接着努力工作。"

　　孙子又问："爷爷，你现在是这里最富有的人，为什么还要绕着房子和土地跑呢？"

　　爱地巴说："我现在还是会生气，生气时绕着房子和土地跑，一边跑一边想自己的房子这么大，土地这么多，何必跟一个穷人计较呢？一想到这里，气也就消了。"

　　这个故事，告诉人们一个实实在在的道理：虽然"人在江湖，身不由己"，生活中总是难免摩擦和矛盾，但是每个人在选择冲动的同时，照样也可以选择忍耐或以退为进。我们的忍耐是他人无法攻破的城堡，爱地巴靠它赢得了财富，也赶走了怒火和烦恼。作为一个聪明的当代女性，我们也应该做一个冷静、理智的忍者，放下抱怨、怒火和冲动，即使不能用宽容赢得一个宽松的环境，但是至少可以把我们的精力用在真正需要的地方。而抱怨、生气、争执、愤怒和冲动，不仅是无能的表现，而且会让事情越变越糟，甚至毁掉你的一生。